后魏·賈思勰 撰

齊民要術

（一）

中国書店

詳校官內閣中書臣孫溶

臣紀昀覆勘

欽定四庫全書　　子部四

齊民要術　　農家類

提要

臣等謹案齊民要術十卷後魏賈思勰撰思勰始末未詳惟知其官為高平太守而已自序稱起自耕農終于醯醢資生之業靡不畢書凡九十二篇今本乃終于五穀果蓏非中國物者自序又稱商賈之事闕而不録今本貨

殖一篇乃列于第六十二莫知其義中第三十篇為雜說而卷端又列雜說數條不入篇數一名再見于例殊乖其詞亦鄙俗不雅疑後人所竄入然陳振孫書錄解題稱其治生之道不仕則農為名言正見于卷端雜說中則宋本已有之矣思勰序不言作注亦不云有音今本句下之注有似自作然多引及顏師古者考文獻通考載李燾孫氏齊民要術

音義解釋序曰賈思勰著此書長主民事又
旁摭異聞多可觀在農家最曉然出其類奇
字錯見往往艱讀今運使秘丞孫公為之音
義解釋畧備其正名小物蓋與揚雄郭璞相
上下不但借助于思勰也則今本之注蓋孫
氏之書特宋藝文志不著録其名不可考耳
董穀碧里雜存以注中一石當今二斗七升
之文疑其與魏時長安童謡百升飛上天句

不合案斛律光齊人非魏人此語殊誤蓋未知注非思勰作也錢曾讀書敏求記云嘉靖甲申刻齊民要術于湖湘首卷簡端周書曰云云原係細書夾注今刻作大字毛晉津逮秘書亦然今以第二篇至六十篇之例推之其說良是蓋唐以前書文詞古奧校刊者不盡能通輒轉訛脫因而訛異固亦事所恒有矣乾隆四十九年二月恭校上

總纂官臣紀昀臣陸錫熊臣孫士毅

總校官臣陸費墀

齊民要術原序

蓋神農為耒耜以利天下堯命四子敬授民時舜命后稷食為政首禹制土田萬國作乂殷周之盛詩書所述要在安民富而教之管子曰一農不耕民有饑者一女不織民有寒者倉廩實知禮節衣食足知榮辱丈人曰四體不勤五穀不分孰為夫子傳曰人生在勤勤則不匱語曰力能勝貧謹能勝禍蓋言勤力可以不貧謹身可以避禍故李悝為魏文侯作盡地利之教國以富彊

秦孝公用商君急耕戰之賞傾奪鄰國而雄諸侯淮南子曰聖人不耻身之賤也愧道之不行也不憂命之長短而憂百姓之窮是故禹為治水以身解于陽盱之河湯由苦旱以身禱于桑林之祭神農憔悴堯瘦臞舜黎黑禹胼胝由此觀之則聖人之憂勞百姓亦甚矣故自天子以下至于庶人四肢不勤思慮不用而事治求贍者未之聞也故田者不彊囷倉不盈將相不彊功烈不成仲長子曰天為之時而我不農穀亦不可得而取之

青春至焉時雨降焉始之耕田終之簠簋惰者釜之勤者鍾之剏夫不為而尚乎食也哉譙子曰朝發而夕異宿勤則菜盈傾筐且茍有羽毛不織不衣不能茹草飲水不耕不食安可以不自力哉晁錯曰聖王在上而或不凍不饑者非耕而食之織而衣之為開其資財之道也夫寒之於衣不待輕煖饑之於飡不待甘旨饑寒至身不顧廉恥一日不再食則饑終歲不製衣則寒夫腹饑不得食體寒不得衣慈母不能保其子君亦安得以

有民夫珠玉金銀饑不可食寒不可衣粟米布帛一日不得而饑寒至是故明君貴五穀而賤金玉劉陶曰民可百年無貨不可一朝有饑故食為至急陳思王曰寒者不貪尺玉而思短褐饑者不願千金而美一食千金尺玉至貴而不若一食短褐之惡者物時有所急也誠哉言乎神農倉頡聖人者也其於事也有所不能矣故趙過始為牛耕實勝耒耜之利蔡倫立意造紙豈方縑牘之煩且耿壽昌之常平倉桑弘羊之均輸法益國利

民不朽之術也諺曰智如禹湯不如常耕是以樊遲請學稼孔子荅曰吾不如老農然則聖賢之智猶有所未達而況於凡庸者乎猗頓魯窮士聞陶朱公富問術焉告之曰欲速富畜五牸乃畜牛羊子息萬計九真廬江不知牛耕每致困乏任延王景乃令鑄作田器教之墾闢歲歲開廣百姓充給燉煌不曉作耬犂及種人牛功力既費而收穀更少皇甫隆乃教作耬犂所省傭力過半得穀加五又燉煌俗婦女作裙攣縮如羊腸用布一

匹隆又禁改之所省復不貲茨充為桂陽令俗不種桑無蠶織絲麻之利類皆以麻枲頭貯衣民惰窳少麤履足多剖裂血出盛冬皆然火燎炙充教民益種桑柘養蠶織履復令種苧麻數年之間大賴其利衣履溫煖今江南知桑蠶織履皆充之教也五原土宜麻枲而俗不知績織民冬月無衣積細草臥其中見吏則衣草而出崔寔為作紡績織絍之具以教民得免寒苦安在不教乎黄霸為頴川使郵亭鄉官皆畜雞豚以贍鰥寡貧窮

者及務耕桑節用殖財種樹鰥寡孤獨有死無以葬者鄉部書言霸具為區處某所大木可以為棺某亭豚子可以為祭吏往皆如言龔遂為渤海勸民務農桑令口種一株榆百本薤五十本葱一畦韭三畝家二母彘五母雞民有帶持刀劒者使賣劒買牛賣刀買犢曰何如帶牛佩犢春夏不得不趣田畝秋冬課收斂益畜果實菱芡吏民皆富實召信臣為南陽好為民興利務在富之躬勸耕農出入阡陌止舍鄉亭稀有安居時行視郡

中水泉開通溝瀆起水門提閼凡數十處以廣溉灌民得其利畜積有餘禁止嫁娶送終奢靡務出於儉約郡中莫不耕稼力田吏民親愛信臣號曰召父童恢為不其令率民養一豬雌雞四頭以供祭祀買棺木顏斐為京兆乃令整阡陌樹桑果又課以閒月取材使得轉相告戒教匠作車又課民無牛者令畜豬投貴時賣以買牛始者民以為煩一二年間家丁車大半整頓豐足王丹家累千金好施與周人之急每歲時後察其強力收

多者輒歷載酒肴從而勞之便於田頭樹下飲食勸勉之因留其餘肴而去其惰者獨不見勞各自恥不能致丹其後無不力田者聚落以致殷富杜畿為河東課勸耕桑民畜牸牛草馬下逮雞豚皆有章程家家豐實此等豈好為煩擾而輕費損哉蓋以庸人之性率之則自力縱之則惰窳耳故仲長子曰叢林之下為倉庾之坻魚鼈之堀為耕稼之場者此君長所用心也是以太公封而斥鹵播嘉穀鄭白成而關中無饑年蓋食魚鼈而

藪澤之形可見觀草木而肥磽之勢可知又曰稼穡不修桑果不茂畜產不肥鞭之可也柂落不完垣牆不牢掃除不淨笞之可也此督課之方也且天子親耕皇后親蠶況夫田父而懷窳惰乎李衡於武陵龍陽汎洲上作宅種甘橘千樹臨卒勑兒曰吾州里有千頭木奴不責汝衣食歲上一匹絹亦可足用矣吳末甘橘成歲得絹數千匹恒稱太史公所謂江陵千樹橘與千户侯等者也樊重欲作器物先種梓漆時人嗤之然積以歲月

皆得其用向之笑者咸求假焉此種殖之不可已也諺曰一年之計莫如種穀十年之計莫如樹木此之謂也書曰稼穡之艱難孝經曰用天之道因地之利論語曰百姓不足君孰與足漢文帝曰朕為天下守財矣安敢妄用哉孔子曰居家理故治可移於官然則家猶國國猶家是以家貧思良妻國亂思良相其義一也夫財貨之生既艱難矣用之又無節凡人之性好懶惰矣率之又不篤加以政令失所水旱為災一穀不登胔腐相繼

古今同患所不能止也嗟乎且饑者有過甚之願渴者有兼量之情既飽而後輕食既煖而後輕衣或由年穀豐穰而忽於蓄積或由布帛優贍而輕於施與窮窘之來所由有漸故管子曰桀有天下而用不足湯有七十里而用有餘天非獨為湯雨菽粟也葢言用之以節仲長子曰鮑魚之肆不自以氣為臭四夷之人不自以食為異生習然也居積習之中見生然之事孰自知也斯何異蓼中之蟲而不知藍之甘乎今采摭經傳爰及歌

謡詢之老成驗之行事起自耕農終於醯醢資生之業靡不畢書號曰齊民要術凡九十二篇分為十卷卷首皆有目録於文雖煩尋覽差易其有五穀果蓏非中國所植者存其名目而已種植之法蓋無聞焉捨本逐末賢哲所非日富歲貧饑寒之漸故商賈之事闕而不録花草之流可以悦目徒有春花而無秋實匹諸浮偽蓋不足存鄙意曉示家童未敢聞之有識故丁寧周至言提其耳每事指斥不尚浮辭覽者無或嗤焉高陽太守

賈思勰撰

雜說

夫治生之道不仕則農若昧於田疇則多匱乏只如稼穡之利雖未逮於老農規畫之間竊自同於后稷所為之術條例後行

凡人家營田須量己力寧可少好不可多惡假如一具牛總營得小畝三頃據齊地大畝一頃三十五畝也每年一易必須頻種其雜田地即是來年穀資欲善其事先利其器悅以使人人忘其勞且須調習器械務令快

利秣飼牛畜常須肥健撫恤其人常遣歡悅觀其地勢
乾濕得所凡秋收了先耕蕎麥地次耕餘地務遣深細
不得趂多看乾濕隨時蓋磨著切見世人耕了仰著土
塊並待孟春蓋若冬乏水雪連夏亢陽徒道秋耕不堪
下種無問耕得多少皆須旋蓋磨如法如一具牛兩箇
月秋耕計得小畝三頃經冬加料餧至十二月內即須
排比農具使足一入正月初未開陽氣上即更蓋所耕
得地一遍凡田地中有良有薄者即須加糞糞之其踏

糞法凡人家秋收後治糧場上所有穰穀穢等並須收貯一處每日布牛腳下三寸厚每平旦收聚堆積之還依前布之經宿即堆聚計經冬一具牛踏成三十車糞至十二月正月之間即載糞糞地計小畝畝別用五車計糞得六畝勻攤耕蓋著未須轉起自地亢後但所耕地隨向蓋之待一段總轉了即橫蓋一遍計正月二月兩個月又轉一遍然後看地宜納粟先種黑地微帶下地即種糙種然後種高壤白地其白地候寒食後榆莢

盛時納種以次種大豆油麻等田然後轉所糞得所耕五六遍每耕一遍蓋兩遍最後蓋三遍還縱橫蓋之候昏房心中下黍種無問穀小畝一升下子則稀概得所候黍粟苗未與壠齊即鋤一遍黍經五日更報鋤第二遍候未蠶老畢報鋤第三遍如無力即止如有餘力秀後更鋤第四遍油麻大豆並鋤兩遍止亦不厭早鋤穀第一遍耕科定每科只留兩莖更不得留多每科相去一尺兩壠頭空務欲深細第一遍鋤未可全深第二遍

唯深是求第三遍較淺於第二遍第四遍較淺于第三遍
凡蕎麥五月耕經三十五日草爛得轉并種耕三遍立
秋前後皆十日內種之假如耕地三遍即三重著子下
兩重子黑上頭一重子白皆是白汁滿似如農即須收
刈之但對梢相答鋪之其白者日漸盡變為黑如此乃
為得所若待上頭總黑半已下黑子盡總落矣其所糞
種黍地亦刈黍子即耕兩徧熟蓋下糠麥至春鋤三遍
止

凡種小麥地以五月内耕一遍看乾濕轉之耕三遍為度亦秋社後即種至春能鋤得兩遍最好

凡種麻地須耕五六遍倍蓋之以夏至前十日下子亦鋤兩遍仍須用心細意抽拔令稠闊細弱不堪留者即去却一切但依此法除蟲災外小小旱不至全損何者緣蓋磨數多故也又鋤耨以時諺曰鋤頭三寸澤此之謂也堯湯旱澇之年則不敢保雖然此乃常式古人云耕鋤不以水旱息功必獲豐年之收如去城郭近務須

多種瓜菜茄子等且得供家有餘出賣只如十畝之地灼然良沃者選得五畝二畝半種葱二畝半種諸雜菜似邵平者種瓜蘿蔔其菜每至春二月内選良沃地二畝熟種葵萵苣作畦栽蔓菁收子至五月六月扶諸菜先熟者並須勝衰亦收子訖應空閒地種蔓菁萵苣蘿蔔等看稀稠鋤其科至七月六日十四日如有車牛盡割賣之如自無車牛輸與人即取地種秋菜葱四月種蘿蔔及葵六月種蔓菁七月種芥八月種瓜二月種如

擬種瓜四畝留四月種並鋤十徧蔓菁芥子並鋤兩遍

葵蘿蔔鋤三遍葱但培鋤四遍白豆小豆一時種齊熟

且免摘角但能依此方法即萬不失一

欽定四庫全書

齊民要術卷一

後魏　賈思勰　撰

耕田第一

周書曰神農之時天雨粟神農遂耕而種之作陶冶斤

斧爲耒耜鉏耨以墾草莽然後五穀興助百果藏實世本曰倕作耒耜倕神農之臣也呂氏春秋曰耜博六寸爾雅曰斪斸謂之定犍爲舍人曰斪斸鉏也一名定纂文曰養苗之道鉏不如耨耨不如剗剗柄長三尺刃廣二寸以剗地除草許慎説文曰耒手耕曲木也耜耒端木也斸斫也齊謂之鎡基一曰斤柄性自曲者也田陳也樹穀曰田象形從口從十阡陌之制也耕種也從耒井聲一曰古者井田劉熙釋名曰田填也五穀填滿其

中犂利也利發土絶草根耨似鉏以薅禾也斸誅也主
以誅鉏根株也凡開荒山澤田皆七月芟艾之草乾即
放火至春而開墾其林木大者劉烏更切殺之葉死不扇
便任耕種三歲後根枯莖朽以火燒之耕荒畢以鐵齒
鍽楱組侯切再徧杷之漫擲黍穄勞郎到切亦再徧明年乃
中為穀田凡耕高下田不問春秋必須燥濕得所為佳
若水旱不調寧燥不濕燥雖耕塊一經得雨地則粉解濕耕堅垎胡洛數年不佳諺曰濕耕澤鋤不如歸去言無益而有損濕耕者白背速鍽楱之亦無傷否則大惡也春耕尋手勞

古曰耰今曰勞說文曰耰摩田器今人亦名勞曰摩鄙語曰耕曰摩勞也秋耕待白背勞秋多風若不尋勞地必虛燥秋田塌闒實塌勞令地硬諺曰耕而不勞不如作暴蓋言澤難遇喜天時故也桓寬鹽鐵論曰茂木之下無豐草大塊之間無美苗凡秋耕欲深春夏欲淺犂欲廉勞欲再犂廉耕細牛復不疲再勞地熟旱亦保澤也秋耕𥝤一感反青者為上比至冬月青草復生者其美與小豆同也初耕欲深轉地欲淺耕不深地不熟轉不淺動生土也菅茅之地宜縱牛羊踐之踐則根浮七月耕之則死非七月復生矣凡美田之法綠豆為上小豆胡麻次之悉皆五六月中䆉美懿反漫掩也種七月八月犂𥝤殺之為春穀田則畝

收十石其美與蠶矢熟糞同凡秋收之後牛力弱未及即秋耕者穀黍穄粱秫茇古末反之下即移羸速鋒之也恒潤澤而不堅硬乃至冬初常得耕勞不患枯旱若牛力少者但九月十月一勞之至春䅬湯歷反種亦得禮記月令曰孟春之月天子乃以元日祈穀于上帝鄭玄注曰謂上辛日郊祭天春秋傳曰春郊祀后稷以祈農事是故啟蟄而郊郊社而后耕上帝太微之帝乃擇元辰天子親載耒耜帥三公九卿諸侯大夫躬耕帝藉元辰蓋郊後吉辰也帝藉為天神借民力所治之田也是月也天氣下降地氣上騰天

地和同草木萌動此陽氣蒸達可耕之候也農書曰土長冒橛陳根可拔耕者急發也分
田司田謂田畯主農之官善相丘陵阪險原隰土地所宜五穀所
殖以教導民田事既飭先定準直農乃不惑仲春之月
耕者少舍乃修闔扇舍猶止也蟄蟲啟戶耕事少間而治門戶用木曰闔用竹葦曰扇
無作大事以妨農事孟夏之月勞農勸民無或失時重力
勞來之命農勉作無休於都急趣農也王居明堂禮曰無宿於國也季秋之
月蟄蟲咸俯在內皆墐其戶墐謂塗閉之此避殺氣也孟冬之月天
氣上騰地氣下降天地不通閉塞而成冬勞農以休息

之黨正屬民飲酒正齒位是也仲冬之月土事無作慎無發蓋無發室屋地氣沮泄是謂發天地之房諸蟄則死必疾疫夫陰用事尤重閉藏案今世有十月十一月耕者匪直逆天道害蟄蟲地亦無膏潤收必薄少也季冬之月命田官告人出五種命田官告民出種大寒過農事將起也命農計耦耕事修耒耜具田器耜者耒之金耜廣五寸田器鎡基之屬是月也日窮于次月窮于紀星迴于天數將幾終言日月星辰運行至此月皆匝於故會次舍也紀紀合也歲且更始專而農民毋有所使而猶汝也言專一汝農民之心令人預有志於辨稼之事不可傜役則志散失其業也孟子曰士

之仕也猶農夫之耕也趙岐注曰言仕之為急若農夫不可不耕魏文侯曰民春以力耕夏以鉏耘秋以收斂雜陰陽書曰亥為天倉耕之始呂氏春秋曰冬至後五旬七日菖生菖者百草之先生也於是始耕高誘注曰菖菖蒲水草也淮南子曰耕之為事也勞織之為事也擾擾勞之事而民不舍者知其可以衣食也人之情不能無衣食衣食之道必始於耕織之物若耕織始初甚勞終必利也衆又曰不能耕而欲黍粱不能織而欲縫裳無其事而求其功難矣汜勝之

書曰凡耕之本在於趣時和土務糞澤早鋤穫春凍解地氣始通土一和解夏至天氣始暑陰氣始盛土復解夏至後九十日晝夜分天地氣和以此時耕田一而當五名曰膏澤皆得時功春地氣通可耕堅硬强地黑壚土輒平摩其塊以生草草生復耕之天有小雨復耕和之勿令有塊以待時所謂强土而弱之也春候地氣始通椓橛木長尺二寸埋尺見其二寸立春後土塊散上沒橛陳根可拔此時二十日以後和氣去即土剛以此

時耕一而當四和氣去耕四不當一杏始華榮輒耕輕土弱土望杏花落復耕耕輒藺之草生有雨澤耕重藺之土甚輕者以牛羊踐之如此則土强此謂弱土而强之也春氣未通則土歷適不保澤終歲不宜稼非糞不解慎無旱耕須草生至可種時有雨即種土相親苗獨生草穢爛皆成良田此一耕而當五也不如此而旱耕塊硬苗穢同孔出不可鋤治反為敗田秋無雨而耕絶土氣土堅垎名曰腊田及盛冬耕泄陰氣土枯燥名曰

脯田脯田與腊田皆傷田二歲不起稼則一歲休之凡
愛田常以五月耕六月再耕七月勿耕謹摩平以待種
時五月耕一當三六月耕一當再若七月耕五不當一
冬雨雪止輒以藺之掩地雪勿使從風飛去後雪復藺
之則立春保澤凍蟲死來年宜稼得時之和適地之宜
田雖薄惡收可畝十石崔寔四民月令曰正月地氣上
騰土長冒橛陳根可拔急菑强土黑壚之田二月陰凍
畢澤可菑美田緩土及河渚水處三月杏華勝可菑沙

白輕土之田五月六月可菑麥田崔寔政論曰武帝以趙過為搜粟都尉教民耕殖其法三犂共一牛一人將之下種挽耬皆取備焉日種一頃至今三輔猶賴其利今遼東耕犂轅長四尺迴轉相妨既用兩牛兩人牽之一人將耕一人下種二人挽耬凡用兩牛六人一日纔種二十五畝其懸絶如此按二犂共一牛若今三脚耬矣未知耕法如何今自濟州迤西猶用長轅犂兩脚耬長轅耕平地尚可於山澗之間則不任用且迴轉至難費力未若濟人蔚犂之柔便也兩脚耬種壠概亦不如一脚耬之得中也

收種第二

楊泉物理論曰粱者黍稷之總名稻者乃秔之總名菽者衆豆之總名三穀各二十種為六十蔬果之實助穀各二十凡為百種故詩曰播厥百穀也

凡五穀種子浥鬱則不生生者亦尋死種雜者禾則早晚不均舂復減而難熟糶賣以雜糅見疵炊爨失生熟之節所以特宜存意不可徒然粟黍穄粱秫常歲歲別收選好穗絶色者劁才彫反刈高懸之至春治取別種以擬明年種子耬耩林種一斗可種一畝量其家田所須種子多少種之其別種種子

嘗須加鋤（鋤多則無秕也）先治而別埋（先治場淨不雜窖埋又勝器盛）還以所治壤草蔽窖（不爾必有為雜之患）將種前二十許日開出水洮（浮秕去則無莠）即曬令燥種之依周官相地所宜而糞種之汜勝之術曰牽馬令就穀堆食數口以馬踐過為種無虸籌蚄蟲也周官曰草人掌土化之法以物地相其宜而為之種（鄭玄注曰土化之法化之使美若汜勝之術也以物地占其形色為之種黃白宜以種禾之屬）凡糞種騂剛用牛赤緹用羊墳壤用麋渴澤用鹿鹹潟用貆勃壤用狐埴壚用豕彊㯺用蕡輕爂用犬（此草人職鄭玄注曰

凡所以糞種者皆謂煑取汁也赤緹纁色也渴澤故水處也潟鹵也貆貒也勃壤粉解者埴壚粘疏者强檃强堅者輕㶇輕脆者故書騂為挈墳作坋杜子春挈讀為騂謂地色赤而土剛强也鄭司農云用牛以牛骨汁漬其種也謂之糞種墳壤多坋鼠也壤白色蕡麻也玄謂墳壤潤解淮南術曰從冬至日數至來年正月朔日五十日者民食足不滿五十日者日減一斗有餘日日益一斗氾勝之書曰種傷濕鬱熱則生蟲也取麥種候熟可穫擇穗大彊者斬束立場中之高燥處曝使極燥無令有白魚有輒揚治之取乾艾雜藏之麥一石艾一把藏以瓦器竹器順時種之則收

常倍取禾種擇高大者斬一節下把懸高燥處苗則不敗欲知歲所宜以布囊盛粟等諸物種平量之埋陰地冬至後五十日發取量之息最多者歲所宜也崔寔曰平量五穀各一升小罌盛埋垣北墻陰下餘法同上師曠占術曰杏多實不蟲者來年秋禾善五木者五穀之先欲知五穀但視五木擇其木盛者來年多種之萬不失一也

種穀第三 稗附

種穀

粟也名粟穀者五穀之總名非止謂粟也然今人專以稷為穀望俗名之耳爾雅曰粢稷也說文曰粟嘉穀實也從鹵從米廣志曰有赤粟白莖有黑格雀粟有張公斑有含黃有蒼背稷有雪白粟亦名白粟又有白藍下竹頭青白逯麥擢石精狗蹹之名種云郭璞注爾雅曰今江東呼粟為粢孫炎曰稷粟也按今世粟名多以人姓字為名目亦有觀形立名亦有會議為名聊復載之云耳朱穀高居黃劉豬獬道愍黃聒穀黃雀腴黃續命黃百日糧有起婦黃辱稻糧奴子場音加支穀焦金黃鷂鵽合履今一名麥爭場此十四種早熟耐旱免蟲聒谷黃辱稻糧二種味美今墮車下馬看白𪎊羊懸蛇赤尾龍虎黃雀民漆馬洩韁劉豬赤李谷黃河摩糧東海黃石驛歲青莖青黑好黃陌南木隈隄黃宋黃癡指張黃兔脚青惠日黃寫風赤一睍黃山鹺頓黨黃此二十四種穗皆有毛耐風免雀暴一睍黃一種易舂寶珠黃俗得白張鄰黃白鹺谷鉤于黃張蟻白耿虎

黄都奴赤茄蘆黄薫猪赤魏爽黄白埊青竹根黄調母粱磊碨黄劉沙白憎延黄赤粱穀靈忽黄獺尾青續得黄得容青孫延黄猪矢青煙薫黄樂婢青平壽黄鹿橛白鹺折作黄橝穇阿居黄赤巴粱鹿蹄黄鉞狗倉可憐黄米谷鹿橛青阿返此三十八種中租大穀白鹺穀調母粱二種味美擇谷青阿居黄猪矢青有二種味惡黄橝穇樂婢青二種易舂竹葉青石柳閬竹葉青一名胡谷水黑穀忽泥青衝天棒雉子青鴟脚穀鴈頭青攬堆黄青子規此十種晚熟耐蟲災則盡矣騎良臥反䁆奴見反鹺粗左反鬫創怪反

凡穀成熟有早晚苗稈有高下收實有多少質性有强弱米味有美惡粒實有息耗早熟者苗短而收多晚熟者苗長而收少强苗者短黄穀之屬是也弱苗者長青白黑者是也收少者美而耗收多者惡而息也地勢有良薄良田

（宜種晚薄田宜種早良地非獨宜晚早亦無害薄地宜早晚必不成實也）山澤有異宜（山田種强苗以避風霜澤田種弱苗以求華實也）順天時量地利則用力少而成功多任情返道勞而無獲（入泉伐木登山求魚手必虛迎風散水逆坂走丸其勢難）凡穀田菉豆小豆底為上麻黍胡麻次之蕪菁大豆為下（常見瓜底不減菉豆本既不論聊復寄之）良地一畝用子五升薄地三升（此為植穀晚田加種也）穀田必須歲易（颯子則秀多而收薄矣颯户絹切）二月三月種者為植禾四月五月種者為穉禾二月上旬及麻菩（音倍）楊（音勃）生種者為上時三月上旬及清明節桃始花為

中時四月上旬及棗葉生桑花落為下時歲道宜晚者五月六月初亦得凡春種欲深宜曳重撻夏種欲淺直置自生春風冷生遲不曳撻則根虛雖生輒死夏氣熱而生速曳撻遇雨必堅垎其澤多者或亦不須撻必欲撻者宜須待白背濕撻令地堅硬故也凡種穀雨後為佳遇小雨宜接濕種遇大雨待薉生小雨不接濕無以生禾苗大雨不待白背濕轢則令苗瘦薉若盛者先鋤一遍然後納種乃佳也春若遇旱秋耕之地得仰壟待雨春耕者不中也夏若仰壟匪直盪汰不生兼與草薉俱出凡田欲早晚相雜防歲道有所宜有閏之歲節氣近後宜晚田然大率

欲早早田倍多於晚早田淨而易治晚者蕪穢難出其收任多少從歲所宜非關早晚然早穀皮薄米實而多晚穀皮厚米少而虛也苗生如馬耳則鏃鋤諺曰欲得穀馬耳鏃初角切稀豁之處鋤而補之用功蓋不足信利益動能百倍凡五穀唯小鋤為良小鋤者非直省功穀亦倍勝大鋤者草根繁茂用功多而收益少良田率一尺留一科劉章耕田歌曰深耕穊種立苗欲疏非其類者鋤而去之諺云迴車倒馬擲衣不下皆十石而收言大稀大概之收皆均平也薄地尋壠躡之不耕故苗出壠則深鋤鋤不厭數周而復始勿以無草而暫停鋤者非止除草乃地熟而實多糠薄米息鋤得十遍便得多米也春鋤起地夏為除草故春鋤不用觸濕

六月以後雖濕亦無嫌春苗既淺陰未覆地濕鋤則地堅夏苗陰厚地不見日故雖濕亦無害矣管子曰為國者使農寒耕而熱芸芸除草也苗既出壟每一經雨白背時輒以鐵齒鎘楱縱橫杷而勞之杷法令人坐上數以手斷去草草塞細則傷苗如此令地軟易鋤省力中鋒止苗高一尺鋒之三徧者皆佳耩故項反者非不壅本苗深殺草益實然令地堅硬乏澤難耕鋤得五徧已上不須耩必欲耩者刈穀之後即鋒鋤下令突起則潤澤易耕凡種欲牛遲緩行種人令促步以足躡壠底牛遲則子勻足躡則苗茂足跡相接者亦不可煩撻也熟速刈乾速積刈早則鎌傷刈晚則穗折遇風則收減濕積則藁爛積晚則損耗連

雨則生耳凡五穀大判上旬種者全收中旬中收下旬下收

雜陰陽書曰禾生於棗或楊九十日秀秀後六十日成禾生於寅壯於丁午長於丙老於戊死於申惡於壬癸忌於乙丑凡種五穀以生長壯日種者多實老惡死日種者收薄以忌日種者敗傷又用成收滿平定日為佳

氾勝之書曰小豆忌卯稻麻忌辰禾忌丙黍忌丑秫忌寅未小麥忌戌大麥忌子大豆忌申卯凡九穀有忌日種之不避其忌則多傷敗此非虛語也其自然者燒黍

稷則害瓠 史記曰陰陽之家拘而多忌止可知其梗槩不可委曲從之諺曰以時及澤為上策也

禮記月令曰孟秋之月修宫室坏垣墻仲秋之月可以築城郭穿竇窖修囷倉 鄭玄曰為民當入物當藏也墮曰竇方曰窖按諺曰家貧無所有收墻三五堵蓋言秋墻堅實土功之勞一時求逸亦貧家之寳也 乃命有司趣民收斂務蓄菜多積聚 始為禦冬之備 季秋之月農事備收 備猶盡也 孟冬之月謹蓋藏循行積聚無有不斂 謂芻米薪蒸之屬也 仲冬之月農有不收藏積聚者取之不詰 此收斂尤急之時有人取者不罪所以警其主也

尚書考靈曜曰春鳥星昏中以種稷 鳥朱鳥鶉火也 秋虛星

昏中以收斂虛玄枵也莊子長梧封人曰昔予為禾耕而鹵莽忙補反之則其實亦鹵莽而報予芸而滅裂之其實亦滅裂而報予郭象曰鹵莽滅裂輕脫末略不盡其分予來年變齊在細反深其耕而熟耰之其禾繁以滋予終年厭飱孟子曰不違農時穀不可勝食趙岐注曰使民得務農不違奪其時則五穀饒足不可勝食也諺曰雖有智慧不如乘勢雖有鎡錤上鎡下錤不如待時趙岐曰乘勢居富貴之勢鎡錤田器耒耜之屬待時謂農之三時又曰五穀種之美者也苟為不熟不如稊稗夫仁亦在乎熟之而已矣趙岐曰熟成也五穀雖美

種之不成不如荑稗之草其實可食為仁不熟亦猶是　淮南子曰夫地勢水東流人必事焉然後水潦得谷行水勢雖東流人必事而通之使得循谷而行也　禾稼春生人必加功焉故五穀遂長高誘曰加功謂芸耕之也遂成也　聽其自流待其自生大禹之功不立而后稷之智不用禹決江疏河以為天下興利不能使水西流后稷闢土墾草以為百姓力農然而不能使禾冬生豈其人事不至哉其勢不可也春生夏長秋收冬藏四時不可易也　食者民之本民者國之本國者君之本是故人君上因天時下盡地利中用

人力是以羣生遂長五穀蕃殖教民養育六畜以時種樹務修田疇滋殖桑麻肥磽高下各因其宜丘陵阪險不生五穀者以樹竹木春伐枯槁夏取果蓏秋蓄蔬食（菜食曰蔬穀食曰食）冬伐薪蒸（大曰薪小曰蒸）以為民資是故生無乏用死無轉屍（轉棄也）故先王之政四海之雲至而修封疆（四海雲至一月也）蝦蟇鳴燕降而通路除道矣（燕降一月）陰降百泉則修橋梁（陰降百泉十月）昏張中則務種穀（一月昏張星中於南方朱鳥之宿）大火中則種黍菽（大火昏中六月）虛中即種宿麥（虛昏中九月）昴星中

則收斂蓄積伐薪木（昴星西方白虎之宿季秋之月收斂蓄積）所以應時脩備富國利民霜降而樹穀水泮而求穫欲得食則難矣

又曰為治之本務在安民安民之本在於足用足用之本在於勿奪時（言不奪民之農要時）勿奪時之本在於省事省事之本在於節欲（節止欲貪）節欲之本在於反性（反其所受於天之所性也）未有能搖其本而靜其末濁其源而清其流者也夫日回而月周時不與人遊故聖人不貴尺璧而重寸陰難得而易失也故禹之趨時也履遺而不納冠挂而不顧

非其爭先也而爭其得時也呂氏春秋曰苗其弱也欲孤（弱小也苗始生小時欲得孤峙踈數則茂好也）其長也欲相與俱（言相依植不偃仆）其熟也欲相扶（相扶持不傷折）是故三以為族乃多粟（族聚也）吾苗有行故速長弱不相害故速大橫行必得從行必術正其行通其風（行行列也）鹽鐵論曰惜草茅者耗禾稼惠盜賊者傷良人氾勝之書曰種無期因地為時三月榆莢時雨膏地強可種禾薄田不能糞者以原蠶矢雜禾種種之則禾不蟲又取馬骨剉一石以水三石煑之三沸

漉去滓以汁漬附子五枚三四日去附子以汁和蠶矢羊矢各等分撓呼老反攪也令洞洞如稠粥先種二十日時以溲種如麥飯狀常天旱燥時溲之立乾薄布數撓令易乾明日復溲天陰雨則勿溲六七溲而止輒曝謹藏勿令復濕至可種時以餘汁溲而種之則禾稼不蝗蟲無馬骨亦可用雪汁雪汁者五穀之精也使稼耐旱常以冬藏雪汁器盛埋於地中治種如此則收常倍氾勝之書區種法曰湯有旱災伊尹作為區田教民糞種負

水澆稼區田以糞氣為美非必須良田也諸山陵近邑高危傾阪及丘城上皆可為區田區田不耕旁地庶盡地力凡區種不先治地便荒地為之以畝為率令一畝之地長十八丈廣四丈八尺當橫分十八丈作十五町町間分為十四道以通人行道廣一尺五寸町皆廣一尺五寸長四丈八尺尺直橫鑿町作溝溝一尺深亦一尺積穰於溝間相去亦一尺嘗悉以一尺地積穰不相受令橫作二尺地以積穰種禾黍於溝間夾溝為兩行

去溝兩邊各二寸半中央相去五寸旁行相去亦五寸一溝容四十四株一畝合萬五千七百五十株種禾黍令上有一寸土不可令過一寸亦不可令減一寸凡區種麥令相去二寸一行一溝容五十二株一畝凡四萬五千五百五十株麥上土令厚二寸凡區種大豆令相去一尺二寸一溝容九株一畝凡六千四百八十株禾一斗有五萬一千餘粒黍亦少此少許大豆一斗一萬五千餘粒區種荏令相去三尺胡麻相去一尺區種天旱常溉之一畝常收百斛上農夫

區方深各六寸間相去九寸一畝三千七百區一日作千區區種粟二十粒美糞一升合土和之畝用種二升秋收區別三升粟畝收百斛丁男長女治十畝十畝收千石歲食三十六石支二十六年中農夫區方九寸深六寸相去二尺一畝千二十七區用種一升收粟五十一石一日作三百區下農夫區方九寸深六寸相去二尺一畝五百六十七區用種六升收二十八石一日作二百區諺曰頃不比畝善謂多惡不如少善也昔兗州刺史劉仁之老成懿德謂予言曰昔在洛陽於

宅田以七十步之地域為區田收粟三十六石然則一畝之收有過百石矣少地之家所宜遵用也區中草生茇之區間草以剗剗之若以鋤鋤苗長不能耘之者以劬鐮比地刈其草矣氾勝之曰驗美田至十九石中田十三石薄田一十石尹澤取減法神農復加之骨汁糞汁種種剉馬骨牛羊猪麋鹿骨一斗以雪汁三斗煑之三沸取汁以漬附子率汁一斗附子五枚漬之五日去附子擣麋鹿羊矢等分置汁中熟撓和之候晏溫又溲曝狀如后稷法皆溲汁乾乃止若無骨煑繰蛹汁

和溲如此則以區種之大旱澆之其收至畝百石以上十倍於后稷此言馬蠶皆蟲之先也及附子令稼耐旱終歲不失於穫穫不可不速常以急疾為務芒張葉黃捷穫之無疑穫禾之法熟過半斷之孝經援神契曰黃白土宜禾說文曰禾嘉穀也以二月始生八月而熟得之中和故謂之禾禾木也木王而生金王而死崔寔曰二月三月可種植禾美田欲稠薄田欲稀氾勝之書曰植禾夏至後八十九十日常夜半候之天有霜若白露

下以平明時令兩人持長索相對各持一端以槩禾中去霜露日出乃止如此禾稼五穀不傷矣氾勝之書曰稗既堪水旱種無不熟之時又特滋茂盛易生蕪穢良田畝得二三十斛宜種之備凶年稗中有米熟擣取米炊食之不減粟米又可釀作酒酒甚美釀尤踰黍秫魏武使典農種之頃收二千斛斛得米三四斗大儉可磨食也若值豐年可以飯牛馬猪羊蟲食桃者粟貴楊泉物理論曰種作曰稼稼猶種也收斂曰穡穡猶收也古今之言云耳稼農之本穡農之末本輕而末重前緩而

後急稼欲熟收欲速此良農之務也漢書食貨志曰種穀必雜五種以備災害師古曰歲田有宜及水旱之利也種即五穀謂黍稷麻麥豆也田中不得有樹用妨五穀五穀之田不宜樹果諺曰桃李不言下自成蹊匪直妨耕種損禾苗抑亦惰夫之所休息豎子之所嬉遊故齊桓公問於管子曰飢寒室屋漏而不治垣墻壞而不築為之柰何管子對曰沐塗樹之枝公令左右沐塗樹之枝其年民被布帛治屋築垣公問此何故管子對曰齊夷萊之國也一樹而百乘息其下以其不稍也衆鳥居其上丁壯者挾丸操彈居其下終日不歸父老柎枝而論終日不去今吾沐塗樹之枝日方中無尺陰行者疾走父老歸而治產丁壯歸而有業力耕數耘收穫如寇盜之至師古曰力謂勤作之也如寇盜之至謂促遽之甚恐為風雨所損也還

廬樹桑菜茹有畦爾雅曰菜謂之蔬不熟曰饉菜總名
也凡草菜可食通名曰蔬案師古曰
還繞也菜熟曰茹郎果反應劭曰木實曰果
猶生曰草死曰廬瓜瓠果蓏草實曰蓏張晏曰有核曰
果無核曰蓏臣瓚案木上曰果地上曰蓏說文曰在木
曰果在草曰蓏許慎注淮南子曰在樹曰果在地曰蓏
鄭玄注周官曰果桃李屬蓏瓜瓠屬郭璞爾雅注果木
子也高誘注呂氏春秋曰有實曰果無實曰蓏宋沈約
注春秋元命苞曰木實曰果蓏瓜瓠之殖於疆場張晏
屬韓康伯注易傳曰果蓏者物之實曰至
此易主故曰場師古曰詩小雅信南
山云中田有廬疆場有瓜即此謂也雞豚狗彘毋失其
時女修蠶織則五十可以衣帛七十可以食肉入者必
持薪樵輕重相分班白不提攜師古曰班白者謂髮雜
色也不提攜者所以優

老人也冬民既入婦人同巷相從夜績女工一月得四十五日服虔曰一月之中又得夜半為十五日凡四十五日也必相從者所以省費燎火同巧拙而合習俗師古曰省費燎火之費也燎所以為明火所以為溫也燎力召反董仲舒曰春秋他穀不書至於麥禾不成則書之以此見聖人於五穀最重麥禾也趙過為搜粟都尉過能為代田一畝三甽師古曰甽壟也音古大反或作畎歲代處故曰代田師古曰代易也古法也后稷始甽田以二耜為耦師古曰併兩耜而耕廣尺深尺曰甽長終畝一畝三甽一夫三百甽而播種於

甽中師古曰播布也種為穀子也苗生葉以上稍耨隴草師古曰耨鋤也因隤其土以附苗根師古曰隤謂下之也音頹故其詩曰或芸或芓黍稷儗儗師古曰小雅莆田之詩儗儗盛貌芸音云芓音子儗音擬芸除草也耔附根也言苗稍壯每耨輒附根比盛暑隴盡而根深師古曰比必寐反能風與旱師古曰能讀曰耐故儗儗而盛也其耕耘下種田器皆有便巧率十二夫為田一井一屋故畝五頃鄧展曰九夫為井三夫為屋夫百畝於古為十二頃故百步為畝漢時二百四十步為畝古千二百畝則得今五頃用耦犂二牛三人一歲之收常過縵田畝一斛以上師古曰縵

田謂不爲甽者也縵莫幹反善者倍之師古曰善爲甽者又過縵田二斛已上過使教田太常三輔蘇林曰太常主諸陵有民故亦課田種大農置功巧奴與從事爲作田器二千石遣令長三老力田及里父老善田者受田器學耕稼養苗狀蘇林曰爲法意狀也民或苦少牛亡以趨澤師古曰趨讀曰趣趨及也澤雨之潤澤也故平都令光教過以人輓犂師古曰輓引也音晚過奏光以爲丞教民相與庸輓犂師古曰庸功也言換功共作也義亦與庸賃同率多人者田日三十畝少者十三畝以故田多墾闢過試以離宮卒田其宮壖地師古曰離宮別處之宮非天子

所常居也壖餘也宮壖地謂外垣之內內垣之外也謂緣河壖地廟垣壖地其裏皆同守離宮卒閒而無事因令壖地為田也壖而緣反課得穀皆多其勞田畝一斛以上令命家田三輔公田李奇曰令使也命者教也令離宮卒教其家田公田也韋昭曰命謂爵命者命家謂受爵命一爵為父士以上令得田以田優之也師古曰令力成反又教邊郡及居延城韋昭曰居延張掖縣也時有田卒也是後邊城河東弘農三輔太常民皆令代田用力少而得穀多

齊民要術卷一

欽定四庫全書

齊民要術卷二

後魏　賈思勰　撰

黍穄第四

爾雅曰秬黑黍秠一稃二米郭璞注云秠亦黑黍但中米異耳孔子曰黍可以爲酒廣志云有牛黍有稻尾黍秀成赤黍有馬革大黑黍有秬黍有濕屯黃黍有田黍摳云鶯鴿之名穄有赤白黑青黃鶯鴿凡五種按今俗有鶯鴿黍白黑黍半夏黍有驢皮穄崔寔曰穄黍之穄熟者一名穄也

凡黍穄田新開荒爲上大豆底爲次穀底爲下地必欲熟再轉乃佳若春夏耕者下種後再勞爲良一畝用子四升三月上旬種者爲上時四月上旬爲中時五月上旬爲下時夏種黍穄與植穀同時非夏者大率以椹赤爲候諺曰椹厘厘種黍時燥濕候黃場始章切種訖

不曳撻常記十月十一月十二月凍樹日種之萬不失一凍樹者凝霜封著木條也假令月三日凍樹還以月三日種黍他皆倣此十月凍樹宜早黍十一月凍樹宜中黍十二月凍樹宜晚黍若從十月至正月皆凍樹者早晚黍悉宜也苗生壠平即宜杷勞鋤三遍乃止鋒而不耩苗晚耩即多折也刈穄欲早刈黍欲晚穄晚多零落黍早米不成皆即濕踐之穄踐訖即蒸而裛於劫切之不蒸者難舂米碎蒸則易舂米堅香氣經夏不歇黍宜曬之令燥濕聚則鬱凡黍粘者收薄穄味美者亦收薄難舂又雜陰陽書曰黍生于榆六十日秀秀後四十日成黍生于巳壯于酉長于戌

老于亥死于丑惡于丙午忌于丑寅卯穄忌于未寅孝經援神契云黑墳宜黍麥尚書考靈曜云夏火星昏中可以種缺

傷無實黍心初生畏天露令兩人對持長索槩去其露日出乃止凡種黍覆土鋤治皆如禾法欲踈於禾踈黍雖科而米黄又多減及空令穊雖不科而米白且均熟不減更勝踈者氾氏云欲踈於禾其義未聞

崔氏曰四月蠶入簇時雨降可種黍禾謂之上時夏至

先後各二日可種黍蟲食李者黍貴也

粱秫第五

爾雅曰虋赤苗芑白苗郭璞注曰虋今之赤粱粟也芑今之白粱粟也皆好穀也犍為舍人曰是伯夷叔齊所食首陽草也廣志曰有具粱解粱有遼東赤粱魏武帝常以作粥爾雅曰粟秫也孫炎曰秫粘粟也廣志曰秫粘粟有赤有白者有胡秫早熟及麥說文曰秫稷之粘者案今世有黃粱穀秫桑根林檍天棓秫也

粱秫並欲薄地而稀一畝用子三升半地良多雉尾苗概穗不成種與植穀同時晚者全不收也燥濕之宜杷勞之法一同穀苗收刈欲晚性不零落早刈損實

大豆第六

爾雅曰戎菽謂之荏菽孫炎注曰戎菽大菽也張揖廣雅曰大豆菽也小豆荅也豍豆豌豆𧄍豆也胡豆䜌江豆也豍方迷切廣志曰種小豆一歲三熟椠甘白豆粗大可食刺豆亦可食秬豆苗似小豆紫花可為麪生宋提建寧大豆有黃落豆有御豆其豆角長有楊豆葉可令胡豆有青有黃者本草經云張騫使外國得胡豆今世大豆有白黑二種及長梢牛踐之名小豆有菉赤白三種黃高麗豆黑高麗豆燕豆豍豆大豆類也豌豆豇豆䜭豆小豆類也

春大豆次植穀之後二月中旬為上時（一畝用子八升）三月上旬為中時（用子一斗）四月上旬為下時（用子一斗二升）歲宜晚者五

六月亦得然稍晚稍加種子地不求熟秋鋒之地即擿種地過熟者苗茂而實少收刈欲晚此不零落刈早損實必須耬下種欲深故豆性强苗深則及澤鋒耩各一鋤不過再葉落盡然後刈葉不盡則難治刈訖則速耕大豆性雨秋不耕則無澤種茭者用麥底一畝用子三升先漫散訖犁細淺畤良輟反而勞之旱則糞堅葉落稀則苗茎不高深則土厚不生若澤多者先深耕訖逆垡擲豆然後勞之澤少則否為其浥鬱不生九月中候近地葉有黄落者速刈之葉少不黄必浥鬱刈不速逢風則葉落盡遇雨澤爛不成

雜陰陽書曰大豆生於槐九十日秀秀後七十日熟豆生於申壯於子長於壬老於丑死於寅惡於甲乙忌於卯午丙丁

孝經援神契曰赤土宜菽也

氾勝之書曰大豆保歲易為宜古之所以備凶年也謹計家口數種大豆率人五畝此田之本也三月榆莢時有雨高田可種大豆土和無塊畝五升土不和則益之種大豆夏至後二十日尚可種戴甲而生不用深耕大

豆須均而稀豆花憎見日見日則黃爛而根焦也穫豆之法莢黑而莖蒼輒收無疑其實將落反失之故曰豆熟於場於場穫豆即青莢在上黑莢在下氾勝之區種大豆法坎方深各六寸相去二尺一畝得千六百八十坎其坎成取美糞一升合坎中土攪和以內坎中臨種沃之坎三升水坎內豆三粒覆土土勿厚以掌抑之令種與土相親一畝用種一升用糞十六石八斗豆生五六葉鋤之旱者溉之坎三升水丁夫一人可治五畝至秋收一畝

中十六石種之上土纔令蔽豆耳

崔寔曰正月可種䜶豆二月可種大豆又曰二月昏參夕杏花盛桑椹赤可種大豆謂之上時四月時雨降可種大小豆美田欲稀薄田欲稠

小豆第七

小豆大率用麥底然恐小晚有地者常須兼留去歲穀下以擬之夏至後十日種者為上時一畝用子八升初伏斷手為中時一畝用子一斗中伏斷手為下時一畝用子一斗二升中伏以後

則晚矣諺曰立秋葉如荷錢猶得豆者指謂宜晚之歲耳不可為常矣熟耕耬下以為良澤多者耬耩漫擲而勞之如種麻法未生白背勞之極怪漫擲犂畤次之穮上歷反種為下鋒而不耩鋤不過再葉落盡則刈之葉未盡者難治而易濕也豆角三青兩黃拔而倒豎籠從之生者均熟不畏嚴霜從本至末全無秕減乃勝刈者牛力若少得待春耕亦得穮種凡大小豆生既布葉皆得用鐵齒鍽楱粗耩切從橫杷而勞之

雜陰陽書曰小豆生於李六十日秀秀後六十日成成

後忌與大豆同

氾勝之書曰小豆不保歲難得椹黑時注雨種畝一升豆生布葉鋤之生五六葉又鋤之大豆小豆不可盡治也古所以不盡治者豆生布葉豆有膏盡治之則傷膏傷則不成而民盡治故其收耗折也故曰豆不可盡治養美田畝可十石以薄田尚可畝取五石諺曰與他作豆田斯言良美可惜也

龍魚河圖曰歲暮夕四更中取二七豆子二七麻子家

人頭髮少許合麻豆著井中呪勑井使其家竟年不遭傷寒辟五方疫鬼

雜五行書曰常以正月旦亦用月半以麻子二七顆赤小豆七枚置井中辟疫病甚神驗

又曰正月七日七月七日男吞赤小豆七顆女吞十四枚竟年無病令疫病不相染

種麻第八

爾雅曰黂枲實枲麻注別二名莩麻母孫炎注曰黂麻子莩苴麻盛子者崔寔曰牡麻無實好肥理一名為枲

也

凡種麻用白麻子白麻子為雄麻顏色雄白老破枯焦無膏潤者秕子也亦不中種市糴者口含令少時顏色如舊者佳如變黑者衰崔寔曰牡麻青白無實兩頭銳而輕浮麻欲得良田不用故墟故墟亦良有破葉夭折之患不任作布也地薄者糞之糞宜熟無熟糞者用小豆底亦得崔寔曰正月糞疇疇麻田也耕不厭熟縱橫七徧以上則麻無葉也田欲歲易抛子種則節高良田一畝用子三升薄田二升穊則細而不長稀則粗而皮惡夏至前十日為上時至日為中時至後十日為下時麥黃種麻麻黃種麥亦良候也諺曰夏至後不沒狗或荅曰但雨多濕槀駝又諺曰五月及澤父子不相借言

及澤也夏至後者匪惟淺短皮亦輕薄此亦趨時不可失也父子之間尚不相假借而況他人乎澤多者先漬麻子令芽生取雨水浸之生芽疾用井水則生遲浸法著水中如炊兩石米頃出著席上布令厚三四寸數攪之令均得地氣一宿則芽出水若滂沛十日亦不生待他白背耬耩漫擲子空曳勞截雨脚即種者地濕麻生瘦待白背者麻生肥澤少者暫浸即出不得待芽生耬頭中下之不勞曳撻麻生數日中常驅雀葉青乃止布葉而鋤頻頻再徧止高而鋤者乃傷麻勃如灰便刈刈拔各隨鄉法未勃者收皮不成放勃不收即驅穊欲小縛欲薄為其易乾一宿輒翻之得霜露則皮壞也穫欲淨有葉者易爛漚欲清水生熟合宜濁水則麻黑水少則

麻脆生則難剝大爛則不任挽泉不冰凍冬日漚者即為柔明也

衛詩曰蓺麻如之何衡從其畝

氾勝之書曰種枲太早則剛堅厚皮多節晚則不堅寧失於早不失於晚穫麻之法穗勃勃如灰拔之夏至後二十日漚枲枲和如絲

崔寔曰夏至先後各五日可種牡麻牡麻有花無實

種麻子第九

崔寔曰苴麻麻之有蘊者苧麻是也一名䵃

止取實者種班黑麻子（班黑者饒實崔寔曰苴麻子黑又實而重可治作燭不作麻）耕須再遍一畝用子二升種法與麻同三月種者為上時四月為中時五月初為下時大率二尺留一科（概則不耕）鋤常令淨（荒則少實）既放勃拔去雄（若未放勃去雄者則不成子實）

凡五穀地畔近道者多為六畜所犯宜種胡麻麻子（胡麻六畜不食麻子科大收此一實足供美燭之費也）慎勿於大豆地中雜種麻子（扇地兩損而收並薄）六月中可於麻子地間散蕪菁子而鋤之擬收其根

雜陰陽書曰麻生於楊或前七十日花後六十日熟種
忌四時辰戌丑未戊己
氾勝之書曰種麻預調和田二月下旬三月上旬傍雨
種之麻生布葉鋤之率九尺一樹樹高一尺以蠶矢糞
之樹三升無蠶矢以溷中熟糞糞之亦善樹一升天旱
以流水澆之樹五升無流水曝井水殺其寒氣以澆之
雨澤適時勿澆澆不欲數養麻如此美田則畝五十石
及百石薄田尚三十石穫麻之法霜下實成速斫之其

樹大者以鋸鋸之

崔寔曰二三月可種苴麻麻之有實者為苴

大小麥第十

爾雅曰大麥麰小麥麳廣志曰虜水麥其實大麥形有縫稅麥似大麥出涼州旋麥三月種八月熟出西方赤小麥赤而肥出鄭縣語曰湖豬肉鄭稀熟山提小麥至粘弱以貢御有半夏小麥有禿芒大麥有黑積麥陶隱居本草云大麥為五穀長即今倮麥也一名麰麥似穬麥唯無皮耳穬麥此是今馬食者然則大穬二麥種別名異而世人以為一物謬矣按世有落麥者禿芒是也又有春種穬麥也

大小麥皆須五月六月暵地不暵地而種者其收倍薄崔寔曰五月一日蓄麥田也種大小麥先畤

逐犁稀種者佳（再倍省種子而科大逐犁擲之亦得然不如作稀耐旱）其山田及剛强之地則耬下之（其種子宜加五省於下田）凡耬種者匪直土淺易生然於鋒鋤亦便穬麥非良地則不須種（薄地徒勞種而必不收凡種穬麥高下田皆得用但必須良熟耳高田借擬禾豆自可專用下田也）八月中戊社前種者為上時（擲者畝用子二升半）下戊前為中時（用子三升）八月末九月初為下時（用子三升半或四升）小麥宜下種（歌曰高田種小麥稴䅌不成穗男兒在他鄉那得不憔悴）八月上戊社前為上時（擲者用子一升半）中戊前為中時（用子二升）下戊前為下時（用子二升半）正月二月勞而鋤之

三月四月鋒而更鋤鋤麥倍收皮薄麪多而鋒勞各得再遍為良也令立秋前治訖立秋後則蟲生蒿艾箪盛之良以蒿艾閉窖埋之亦佳窖麥法必須日曝令乾及熱埋之多種久居供食者宜作劁才凋切麥倒刈薄布順風放火火既著即以掃篲撲滅仍打之如此者夏蟲不生然唯中作麥飯及麪用耳

禮記月令曰仲秋之月乃勸人種麥無或失時其有失時行罪無疑鄭玄注曰麥者接絶續乏之穀尤宜重之

孟子曰今夫麰麥播種而耰之其地同樹之時又同浡

然而生至於日至之時皆熟矣雖有不同則地有肥磽雨露之所養人事之不齊也

雜陰陽書曰大麥生於杏二百日秀秀後五十日成麥生於亥壯於卯長於辰老於巳死於午惡於戌忌於子丑小麥生於桃二百一十日秀秀後六十日成忌與大麥同蟲食杏者麥貴

種瞿麥法以伏為時（一名地麵良地一畝用子五升薄田三四升）畝收十石渾蒸曝乾舂去皮米全不碎炊作飧甚滑細磨下絹簁

作餅亦滑美然為性多穢一種此物數年不絶耘鋤之功更益劬勞

尚書大傳曰秋昏虚星中可以種麥虚北方玄武之宿八月昏中見於南方

說文曰麥芒穀秋種厚埋故謂之麥麥金王而生火王而死

氾勝之書曰凡田有六道麥為首種種麥得時無不善夏至後七十日可種宿麥早種則蟲而有節晚種則穗

小而少實當種麥若天旱無雨澤則薄漬麥種以酢且故反漿并蠶矢夜半漬向晨速投之令與白露俱下酢漿令麥耐旱蠶矢令麥忍寒麥生黃色傷於太稠稠者鋤而稀之秋鋤以棘柴耬之以壅麥根故諺曰子欲富黃金覆黃金覆者謂秋鋤麥曳柴壅麥根也至春凍解棘柴曳之突絕其乾葉須麥生復鋤之到榆莢時注雨止候土白背復鋤如此則收必倍冬雨雪止以物輒藺麥上掩其雪勿令從風飛去後雪復如此則麥耐旱多實

春凍解耕如土種旋麥麥生根茂盛莽鋤如宿麥
氾勝之區麥種區大小如中農夫區禾收區種凡種一
畝用子二升覆土厚二寸以足踐之令種土相親麥生
根成鋤區間秋草緣以棘柴律土壅麥根秋旱則以桑
落曉澆之秋雨澤適勿澆之麥凍解棘柴律之突絶去
其枯葉區間草生鋤之大男大女治十畝至五月收區
一畝得百石以上十畝得千石以上小麥忌戌大麥忌
子除日不中種

崔寔曰凡種大小麥得白露節可種薄田秋分種中田後十日種美田唯穬早晚無常正月可種春麥豍豆盡二月止

青稞麥（治打時稍難唯伏日用碌碡碾）右每十畝用種八斗與大麥同時熟好收四十石石八九斗麪堪作麨及餅飥甚美磨總盡無麩（鋤一遍佳不鋤亦得）

水稻第十一

爾雅曰稌稻郭璞注曰沛國今呼稻為稌廣志云有虎掌稻紫芒稻赤芒稻白米南方有蟬鳴稻七月熟有盡

下白稻正月種稷稷訖其根莖復生九月熟青芋稻六月熟累子稻白漢稻七月熟此三稻大而且長米半寸出益州秔有烏秔黑穬青函白夏之名說文曰穬稻紫莖不粘者秔稻屬風土記曰稻之紫莖穲稻之青穗米皆青白也字林曰秜[illegible]稻今年死來年自生曰秜案今世有黃稻黃陸稻青稗稻豫章青稻尾紫稻青杖稻飛青稻赤甲稻烏陵稻大香稻小香稻白地稻狐灰稻一年再熟有秫稻秫稻米一名糯米俗云亂米非也有九格秫雉木秫大黃秫常秫馬身秫長江秫惠成秫黃䅉秫方䅉秫虎皮秫蒼柰秫皆米也

稻無所緣唯歲易為良選地欲近上流地無良薄水清則稻美三月種者為上時四月上旬為中時中旬為下時先放水十日後曳陸軸十遍遍數唯多為良地既熟淨淘種子浮者去之秋則

生稗漬經三宿漉出內草篅規中反裛之復經三宿芽生長二分一畝三升擲三日之中令人驅鳥苗長七八寸陳草復起以鎌侵水芟之草悉膿死稻苗漸長復須薅拔草曰薅虎高切薅訖決去水曝根令堅量時水旱而溉之將熟又去水霜降穫之早刈米青而不堅晚刈零落而損收北土高原本無陂澤隨逐隈曲而田者二月氷解地乾燒而耕之仍即下水十日塊既散液持木斫平之納種如前法既生七八寸拔而栽之既非歳易草稗俱生芟亦不死故須用栽而薅之溉灌收刈一如

前法畦畧大小無定須量地宜取水均而已藏稻必須用簟（此既水穀窖埋得地氣則爛敗也）若於久居者亦如劁麥法舂稻必須冬時積日燥曝一夜置霜露中即舂（若冬舂不乾即米青赤脉起不經霜不燥曝則米碎矣）秫稻法一切同

雜陰陽書曰稻生於柳或楊八十日秀秀後七十日成戊己四季日為良忌寅卯辰惡甲乙

周官曰稻人掌稼下地（以水澤之地種穀也謂之稼者有似嫁女相生）以潴畜水以防止水以溝蕩水以遂均水以列舍水以澮寫水

以涉揚其芟作田鄭司農說瀦防以春秋傳曰町原防規偃瀦以列舍水列者非一道以去水也以涉揚其芟以其水寫故得行其田中舉其芟鉤也杜子春讀蕩為和蕩謂以溝行水也玄謂偃瀦者畜流水之陂也防瀦旁隄也遂田首受水小溝也列田之畦畤也作猶治也開遂舍水於列中因涉之揚去前年所芟之草而治田種稻凡稼澤夏以水殄草而芟荑之殄病也絕也鄭司農說芟荑以春秋傳曰芟荑蘊崇之今時謂禾下麥為荑下麥言芟刈其禾於下種麥也玄謂將以澤地為稼者必於夏六月之時大雨時行以水病絕草之後生至秋水涸芟之明年乃稼澤草所生種之芒種鄭司農云澤草之所生其地可種芒種芒種稻麥也

禮記月令云季夏大雨時行乃燒薙行水利以殺草如

以熱湯鄭玄注曰薙謂迫地芟草此謂欲稼雨流潦畜於芟中則草不復生地美可稼也薙氏掌殺草春始生而萌之夏日至而夷之秋繩而芟之冬日至而耜之若欲其化也則以水火變之可以糞田疇可以美土疆注曰土潤溽暑膏澤易行也糞美互文土疆強檃之地

孝經援神契曰汙泉宜稻

淮南子曰蘺先稻熟而農夫薅之者不以小利害大穫高誘曰蘺水稗

氾勝之書曰種稻春凍解耕反其土種稻區不欲大大則水深淺不適冬至後一百一十日可種稻稻地美用

種畝四升始種稻欲濕濕者缺其塍令水道相直夏至後大熱令水道錯

崔寔曰三月可種稉稻稻美田欲稀薄田欲稠五月可別種及藍盡夏至後二十日止

旱稻第十二

旱稻用下田白土勝黑土非言下田勝高原但下停水者不得禾豆麥稻四種雖勞亦收所謂彼此俱獲不失地利故也下田種者用功多高原種者與禾同等也凡下田停水處燥則堅垎濕則汙泥難治而易荒墝埆而殺種其春耕

者殺種尤甚故宜五六月暵之以擬穬麥麥時水澇不得納種者九月中復一轉至春種稻萬不失一（春耕者十石收五蓋誤人耳）凡種下田不問秋夏候水盡地白背時速耕杷勞頻煩令熟（過燥則堅過雨則泥所以宜速耕）二月半種稻為上時三月為中時四月初及半為下時漬種如法裛令開口耬耩稀種之（稀種者省耕而生科又勝擲者）即再遍勞（若歲寒早種虛時晚即不漬種即恐芽焦也）其土黑堅強之地種未生前遇旱者欲得牛羊及人履踐之濕則不用一跡入稻既生猶欲令人踐壠背

（踐者茂而多實也）苗長三寸杷勞而鋤之鋤惟欲速（稻苗性弱不能扇草故宜數鋤之）每經一雨輒欲杷勞苗高尺許則鋒大雨無所作宜冒雨薅之科大如穊者五六月中霖雨時拔而栽之（栽法欲淺令其根須四散則滋茂深而直下者聚而不科其苗長者亦可拔去葉端數寸勿傷其心也）入七月不復任栽（七月百草成時晚故也）其高田種者不求極良唯須廢地（過良則苗折廢地則無草）亦秋耕杷勞令熟至春黃塲納種（不宜濕下）餘法悉與下田同矣

胡麻第十三

漢書張騫外國得胡麻今俗人呼為烏麻者非也廣雅曰狗虱勝茄胡麻也本草經曰青蘘一名巨勝今世有白胡麻八稜胡麻白者油多

胡麻宜白地種二三月為上時四月上旬為中時五月上旬為下時（月半前種者實多而成月半後種者少子而多秕也）種欲截雨脚（若不緣濕而不生）一畝用子二升漫種者先以耬耩然後散子空曳勞（勞上加人則土厚不生）耬耩者炒沙令燥中和半之（不和沙下不均壠種若荒得用鋒耩）鋤不過三遍刈束欲小（束大則難燥打手復不勝）以五六束為一叢斜倚之（不爾則風吹倒損收也）候口開乘車詣田斗數

倒竪以小杖微打之還叢之三日一打四五遍乃盡耳若乘濕橫積蒸熱速乾革日鬱裛無風吹虧損之處浥者不中為種子然於油無損也

崔寔曰二月三月四月五月時雨降可種之

種瓜第十四

廣雅曰土芝瓜也其子謂之瓣然瓜有龍肝虎掌羊骹兎頭𤬏蛌狸頭六觚狄無餘縑瓜瓜屬也張孟陽瓜賦曰羊骹累錯觚子市江廣志曰瓜之所出以遼東廬江燉煌之種為美有烏瓜縑瓜狸頭瓜蜜筩瓜女臂瓜羊髓瓜瓜州大瓜大如斛出涼州狀須舊陽賊御瓜有香登瓜大如三升魁有桂枝瓜長二尺餘蜀地溫食瓜至冬熟有春白瓜細小小瓣宜藏正月種二月成者秋泉瓜秋種十月熟形如羊角色黃黑史記曰邵平者故秦

東陵侯秦破為布衣家貧種瓜於長安城東瓜美故世
謂之東陵瓜從邵平始漢書地理志曰燉煌古瓜州地
有美瓜王逸瓜盛日落疏之文永嘉記曰永嘉襄瓜八
月熟至十一月肉青赤香甜清快衆瓜之勝廣州記曰
瓜冬熟號為金釵瓜說文曰瓞小瓜瓞也陸機瓜賦曰
栝樓定桃黃瓤白傳金釵蜜筩小青大斑玄骭素腕狸
首虎蹯東陵出於秦
谷桂髓起於巫山也

收瓜子法常歲歲先取本母子瓜截去兩頭止取中央
子本母子者瓜生數葉便結子子復早熟用中輩瓜子
蔓長二三尺然後結子用後輩子者蔓長足然後結
子子亦晚熟種早子熟速而瓜小種晚子熟遲而瓜大
去兩頭者近蒂子瓜曲而細近頭子瓜短而喎凡瓜落
疏青黑者為美黃白及斑雖大而惡若
種苦瓜子雖爛熟氣香其味猶苦也

又收瓜子法食瓜時美者收即以細糠拌之日曝向燥挼而簸之淨而且速也

良田小豆底佳黍底次之刈訖即耕頻頻轉之二月上旬種者為上時三月上旬為中時四月上旬為下時五月六月上旬可種藏瓜凡種法先以水淨淘瓜子以鹽和之鹽和則不能死先臥鋤耬却燥土不耬者坑雖深大常雜燥土故瓜不生然後培坑大如斗口納瓜子四枚大豆三箇於堆旁向陽中諺曰種瓜黃臺頭瓜生數葉掐去豆瓜性弱苗不能獨生故須大豆為之起土瓜生不去豆則豆反扇瓜不得滋茂但豆斷汁出更成良潤勿拔之拔之則土虛燥也多鋤則饒子

不鋤則無實（五穀蔬菜果蓏之屬皆如此也）五六月種晚瓜

治瓜籠法（旦起露未解以杖舉瓜蔓散灰於根下後一兩日復以土培其根則迴無蟲矣）

又種瓜法（依法種之十畝勝一頃）於良美地中先種晚禾（晚禾令地膩）熟劁刈取穗欲令茇（方末切）長秋耕之耕法弭縛犁耳起規逆耕耳弭則禾拔頭出而不沒矣至春德復順耕亦弭縛犁耳翻之還令草頭出耕訖勞之令甚平種植穀時種之種法使行陣直兩行微相近兩行外相遠中間通步道道外還兩行相近如是作次第經四小道通一

車道凡一頃地中須開十字大巷通兩乘車來去運輦其瓜都聚在十字巷中瓜生比至初花必須三四遍熟鋤勿令有草生草生脅瓜無子鋤法皆起禾茇令直豎其瓜蔓本底皆令土下四廂高微雨時得停水瓜引蔓皆沿茇上茇多則瓜多茇少則瓜少茇多則蔓廣蔓廣則歧多歧多則饒子其瓜會是歧頭而生無歧而花者皆是浪花終無瓜矣故令蔓生在茇上瓜懸在下

摘瓜法在步道上引手而取勿聽浪人踏瓜蔓及翻覆

之（踏則莖破翻則成細皆令瓜不茂而蔓早死）若無茇而種瓜者地雖美好止得長苗直引無多槃歧故瓜少子若無茇處豎乾柴亦得（凡乾柴草不妨滋茂）凡瓜所以早爛者皆由腳躡及摘時不慎翻動其蔓故也若以理慎護及至霜下葉乾子乃盡矣（但依此法則不必別種早晚及中三輩之瓜）

區種瓜法六月雨後種菉豆八月中犁䅖殺之十月又一轉即十月終種瓜率兩步為一區坑大如盆口深五寸以土壅其畔如菜畦形坑底必令平正以足踏之令

其保澤以瓜子大豆各十枚遍布坑中瓜中大豆兩物為雙藉其起土故也以糞五升覆之亦令均平又以土一斗薄散糞上復以足微躡之冬月大雪時速併力推雪於坑上為大堆至春草生瓜亦生莖葉肥茂異於常者且常有潤澤旱亦無害五月瓜便熟其掐豆鋤瓜之法與常同若瓜子盡生則大穊掐出之一區四根即足矣

又法冬天以瓜子數枚內熱牛糞中凍即拾聚置之陰地量地多少以足為限正月地釋即耕逐場布之率方一步下一斗糞耕土覆之肥茂早熟雖不及區種亦勝凡瓜遠矣

凡生糞糞地無勢多於熟糞令地小荒矣有蟻者以牛羊骨帶髓者置瓜科左右待蟻附將棄之棄二三則無蟻矣

汜勝之曰區種瓜一畝為二十四科區方圓三尺深五寸一科用一石糞糞與土合和令相半以三斗瓦甕埋著科中央令甕口上與地平盛水甕中令滿種瓜甕四面各一子以瓦蓋甕口水或減輒增常令水滿種常以冬至後九十日百日得戊辰日種之又種薤十根令週迴甕居瓜子外至五月瓜熟薤可拔賣之與瓜相避又

可種小豆於瓜中畝四五升其藿可賣此法宜平地瓜收畝萬錢

崔寔曰種瓜宜用戊辰日二月三日可種瓜十二月臘時祀炙蓮樹瓜田四角去䗪胡濫反瓜蟲謂之䗪

龍魚河圖曰瓜有兩鼻者殺人

種越瓜胡瓜法四月中種之胡瓜宜豎柴木令其蔓緣之收越瓜欲飽霜霜不飽則爛收胡瓜候色黄則摘若待色赤則皮存而肉消並如凡瓜於香醬中藏之亦佳

種冬瓜法廣志曰冬瓜蔬拒神仙本草謂之地芝也傍墻陰地作區圓二尺深五寸以熟糞及土相和正月晦日種二月三月亦得既生以柴木倚墻令其緣上旱則澆之八月斷其梢減其實一本但存五六枚多留則不成也十月霜足收之早收則爛削去皮子於芥子醬中或美豆醬中藏之佳

冬瓜越瓜瓠子十月區種如區種瓜法冬則推雪著區上為堆潤澤肥好乃勝春種

種茄子法茄子九月熟時摘取擘破水淘子取沉者速

曝乾裹置至二月畦種治畦下水一如葵法性宜水常取潤澤著四五葉雨時合泥移栽之若旱無雨澆水令澈澤夜栽之白日以席蓋勿令見日十月種者如區種瓜法推雪著區中則不須栽其春種不作畦直如種凡瓜法者亦得唯須曉夜數澆耳大小如彈圓中生食味似小豆角

種瓠第十五

衛詩曰匏有苦葉毛詩謂之瓠詩義疏云匏葉少時可以為羮又可淹煑極美故云幡幡瓠葉采之亨之河東及揚州常食之八月中堅强不可食故云苦葉廣志曰有都瓠子如牛角長四尺有約闕瓠其闕其腹闕

緣蔕為口出雍縣移種于闕則闕朱崖有闕葉瓠其大者受斛餘郭子曰東吳有長柄闕接釋名曰瓠畜皮瓠以為脯蓄積以待冬月用也淮南萬畢術曰燒穰殺瓠物自然也

氾勝之書曰種瓠法以三月耕良田十畝作區方深一尺以杵築之令可居澤相去一步區種四實蠶矢一斗與土糞合澆之水二升所乾處復澆之著三實以馬箠㲉其心勿令蔓延多實實細以藁薦其下無令親土多瘡瘢度可作瓢以手摩其實從蔕至底去其毛不復長且厚八月微霜下收取掘地深一丈薦以藁四邊各厚

一尺以實置孔中令底下向瓠一行覆上土厚二尺二
十日出黃色好破以為瓢其中白膚以養豬致肥其瓣
以作燭致明一本三實一區十二實一畝得二千八百
八十實十畝凡得五萬七千六百瓢瓢直十錢并直五
十七萬六千文用蠶矢二百石牛耕功力直二萬六千
文餘有五十五萬肥豬明燭利在其外
氾勝之書曰區種瓠法收種子須大者若先受一斗者
得收一石受一石者得收十石先掘地作坑方圓深各

三尺用蠶沙與土相和令中半若無蠶沙生牛糞亦得著坑中足躡令堅以水沃之候水盡即下瓠子十顆復以前糞覆之既生長二尺餘便總聚十莖一處以布纏之五寸許復用泥泥之不過數日纏處便合為一莖留強者餘悉掐去引蔓結子子外之條亦掐去之勿令蔓延留子法初生二三子不佳去之取第四五六區留三子即足旱時須澆之坑畔周匝小渠子深四五寸以水停之令其遙潤不得坑中下水

崔寔曰正月可種瓠六月可蓄瓠八月可斷瓠作畜瓠

瓠中白膚實以養豬致肥其瓣則作燭致明

家政法曰二月可種瓜瓠

種芋第十六

說文曰芋大葉實根駭人者故謂之芋齊人呼為莒廣雅曰渠芋其葉謂之蔌藉姑水芋也亦曰烏芋廣志曰蜀漢既繁芋民以為資凡十四等有君子芋大如斗魁如杵蔟有草轂芋有鋸子芋有勞巨芋有青邊芋此四芋多子有淡善芋魁大如瓶少子葉如繖蓋紺色紫莖長丈餘易熟長味芋之最善者也莖可作羮臛肥滑得飲乃下有蔓芋緣枝生大者次二三升有雞子芋色黃有百果芋魁大子繁多畝收百斛種一百畝以養彘有

旱芋七月熟有九面芋大而不美有象空芋大而弱使人易飢有青芋有素芋子皆不可食莖可為植凡此諸芋皆可乾又可藏至夏食之又百子芋出葉俞縣有魁芋無旁子生永昌縣有大芋二升出范陽新鄭風土記曰博士芋蔓生根如鵝鴨卵形蔵必杏反

氾勝之書曰種芋區方深皆三尺取豆萁內區中足踐之厚尺五寸取區上濕土與糞和之內區中萁上令厚尺二寸以水澆之足踐令保澤取五芋子置四角及中央足踐之旱數澆之萁爛芋生子皆長三尺一區收三石

又種芋法宜擇肥緩土近水處和柔糞之二月注雨可種芋率二尺下一本芋生根欲深劚其旁以緩其土旱則澆之有草鋤之不厭數多治芋如此其收常倍

列仙傳曰酒客為梁使烝民益種芋後三年當大飢卒如其言梁民不死案芋可以救飢饉度凶年今中國多不以此為意後生中有耳目所不聞見者及水旱風露霜雹之災便能餓死滿道白骨交横知而不種坐致泯滅悲夫人君者安可不督課之也哉

崔寔曰正月可菹芋

家政法曰二月可種芋也

齊民要術卷二

欽定四庫全書

齊民要術卷三

後魏 賈思勰 撰

種葵第十七

蔓菁第十八

種蒜第十九

種䪥第二十

種葱第二十一

雜說第三十

種葵第十七

廣雅曰蘬丘葵也廣志曰胡葵其花紫赤博物志曰人食落葵為狗所齧作疥則不差或至死案今世葵有紫莖白莖二種種別復有大小之殊又有鴨脚葵也

臨種時必燥曝葵子葵子雖經歲不浥然濕種者疥而不肥也地不厭良故墟彌善薄即糞之不宜妄種春必畦種水澆春多風旱非畦不得且畦者省地而菜多一畦供一口畦長兩步廣一步大則水難均又不用人足入深掘以熟糞對半和土覆其上令厚一寸鐵齒杷耬之令

熟足蹋使堅平下水令徹澤水盡下葵子又以熟糞和土覆其上令厚一寸餘葵生三葉然後澆之（澆用晨夕日中便止）每一掐輒杷耬地令起下水加糞三掐更種一歲之中凡得三輩（凡畦種之物治畦皆女種葵法不復條列煩文）早種者必秋耕十月末地將凍散子勞之（一畝一升五月末散子亦得）人足踐踏之乃佳（踐者菜肥）地釋即生鋤不厭數五月初更種之（春者既老秋葉落未生故種此相接）六月一日種白莖秋葵（白莖者宜乾紫莖者乾即黑而澁）秋葵堪食仍留五月種者取子（春葵子熟不均故須留中輩）於此時附地剪

却春葵冷根上栟生者柔輭至好仍供常食美於秋菜掐秋菜必留五六葉（不掐則莖孤留葉多則科大）凡掐必待露解（諺曰觸露不掐葵日中不翦韭）八月半翦去（留其歧多者則去地一二寸獨莖者亦可去地四五寸）栟生肥嫩比至收時高與人膝等莖葉皆美科雖不高菜實倍多（其不翦早生者雖高數尺柯葉堅硬全不中食所可用者唯有葉心附葉黄澁至惡煮亦不美看雖似多其實倍少）收待霜降（傷早黄爛傷晚黑澁）榜簇皆須陰中（見日亦澁）其碎者劄訖即地中尋手糺之（待萎而亂者必爛）

又種冬葵法近州郡都邑有市之處負郭良田三十畝

九月收菜後即耕至十月半令得三徧每耕即勞以鐵齒杷耬去陳根使地極熟令如麻地於中逐長穿井十口 井必相當邪角則妨地地形狹長者井必作一行地形正方者作兩三行亦不嫌也 井别作桔槔轆轤 井深用轆轤井淺用桔槔 柳罐令受一石 罐小用則功費 十月末地將凍漫散子唯概為佳 畝用子六升 散訖即再勞有雪勿令從風飛去 勞雪令地保澤葉又不蟲 每雪輒一勞之若令冬無雪臘月中汲井水普勞澆悉令徹澤 有雪則不荒 正月地澤驅踏破地皮 不踏即枯涸皮破即香潤 春煖草生葵亦俱生三月初葉大

如錢逐穊處拔大者賣之十手拔乃禁取兒女子七歲已上皆得充事也一升葵還得一升米日日常拔看稀稠得所乃止有草拔却不得用鋤一畝得葵三載合收米九十車車准二十斛為米一千八百石自四月八日以後日日翦賣其翦處尋以手拌斫斸地令其起水澆糞覆之四月亢旱不澆則不長有雨則不須四月以前雖旱亦不須澆地實保澤雪勢未盡故也比及翦徧初者還復周而復始日日無窮至八月社日止留作秋菜九月指地賣兩畝得絹一疋收訖即急耕依去年法勝作十項穀田

止須一乘車牛專供此園耕勞輦糞賣菜終歲不閒若糞不可得者五六月中穊種菉豆至七月八月犁掩殺之如以糞糞田則良美與糞不殊又省功力其井間之田犁不及者可作畦以種諸菜

崔寔曰正月可作種瓜瓠葵芥䪥大小葱蒜苜蓿及雜蒜亦種此二物皆不如秋六月六日可種葵中伏後可種冬葵九月作葵葅乾葵

家政法曰正月種葵

蔓菁第十八

爾雅曰蕦葑蓯江東呼為蕪菁或為菘菘蕦音相近蕦則蕪菁字林曰豐蕪菁苗也乃齊魯云廣志云蕪菁有紫花者白花者

種不求多唯須良地故墟新糞壞牆垣乃佳若無故墟糞者以灰為糞令厚一寸灰多則燥不生也一耕地欲熟七月初種之一畝用子三升從處暑至八月白露節皆得早者作菹晚者作乾漫散而勞種不用濕濕則地堅菜焦既生不鋤九月末收葉晚收則黃落仍留根取子十月中犁麤時拾取耕出者若不耕時則留者英不茂實不繁也其葉作菹者料理如常法擬作乾菜及蘸八丈反菹者蘸菹者後年正月始作耳須留

第一好菜擬之其菹法列後條割訖則尋手擇治而辮之勿待萎萎而後辮則爛挂著屋下陰中風涼處勿令煙薰煙薰則苦燥則上在廚積置以苦之積時宜候天陰潤不爾多碎折久不積苦則澁也春夏畦種供食者與畦葵法同翦訖更種從春至秋得三輩常供好菹取根者用大小麥底六月中種十月將凍耕出之一畝得數車早出者根細

又多種蕪菁法近市良田一頃七月初種之六月種者根雖粗大葉復蟲食七月末種者葉雖膏潤根復細小七月初種根葉俱得擬賣者純種九英九英

葉根粗大雖堪舉賣氣味不美欲自食者須種細根一頃取葉三十載正月二月賣作蘸菹三載得一奴收根依時法一頃收二百載二十載得一婢細剉和莖飼牛羊全擬乞猪并得充肥亞於大豆耳一頃收子二百石輸與壓油家三量成米此為收粟米六百石亦勝谷田十頃是故漢桓帝詔曰橫水為災五穀不登令所傷郡國皆種蕪菁以助民食然此可以度凶年救饑饉乾而蒸食既甘且美自可藉口何必饑饉若值凶年一頃乃活百人耳

蒸乾蕪菁根法作湯淨洗蕪菁根漉著一斛甕子中以葦荻塞甕裏以蔽口著釜上繫甑帶以乾牛

糞然火竟夜蒸之粗細約熟謹謹著牙真類鹿尾蒸而賣者則收米十石也

種菘蘆菔蒲北反法與蔓菁同菘菜似蔓菁無毛而大方言曰蕪菁紫花者謂之蘆菔案蘆菔根實粗大其角及根葉並可生食非蕪菁也秋中賣銀十畝得錢一萬

廣志曰蘆菔一名雹突

崔寔曰四月取蕪菁及芥葶藶冬葵子六月中伏後七月可種蕪菁至十月可收也

種蒜第十九

說文曰蒜葷菜也博物志曰張騫使西域得大蒜胡荽延篤曰張騫大宛之蒜又有胡蒜澤蒜也

蒜宜良輭地（白輭地蒜甜美而科大黑輭次剛强之地辛辣而瘦小也）三徧熟耕九月初種種法黃𤳙時以耬耩逐壠手下之五寸一株（諺曰左右過鋤一萬餘株）空曳勞二月半鋤之令滿三徧（勿以無草則不鋤不鋤則科小）條拳而軋之（不軋則獨科）葉黃鋒出則辮於屋下風涼之處桁之（早出者皮赤科堅可以遠行晚則皮壞而喜碎）冬寒取穀稈（奴勤反）布地一行蒜（不爾則凍死）收條中子種者一年為獨瓣種二年者則成大蒜科皆如拳又逾於凡蒜矣（尾子壠底置獨瓣蒜於瓦上以土覆之蒜科橫闊而大形容殊則不足以異今并州無大蒜朝歌取種一歲之後還成百子蒜矣其瓣粗細正與條

中子同蕪菁根其大如椀口雖種他州子一年亦變大蒜辦變小蕪菁根變大二事相反其理難推又八月中方得熟九月中茄刈得花子至於五穀蔬果與餘州早晚不殊亦一異也并州豌豆變井陘已東山東穀子入黨關上黨苗而無實皆余目所親見傳信傳疑蓋土地之異者也

種澤蒜法預耕地熟時採取子漫散勞之澤蒜可以香食吳人調鼎率多用此根葉作葅更勝葱韭此物繁息一種永生蔓延滋漫年稍廣閥區斷取隨子還合但種數畝用之無窮種者地熟美於野生

崔寔曰布谷鳴收小蒜六月七月可種小蒜八月可種

大蒜

種䪥第二十

爾雅曰䪥鴻薈注曰䪥菜也

䪥宜白軟良地三轉乃佳二月三月種八月九月種亦得秋種者春末生率七八支為一本諺曰葱三䪥四移葱者三支為一本種䪥者四支為一科然支多者科圓大故以七八為率䪥子三月葉青便出之未青而出者肉未滿令䪥瘦燥曝挼去莩餘切却薑根留薑根而濕者即瘦細不得肥也先重耬耩地壟燥培而種之壟燥則䪥肥耬重則白長率一尺一本葉生即鋤鋤

不厭數𪌉性多稼荒則羸惡五月鋒八月初耩不耩則白短葉不用翦翦則損白供常食者別種九月十月出賣經久不出也擬種子至春地釋即曝之

崔寔曰正月可種𪌉韭芥七月別種𪌉矣

種葱第二十一

廣志曰葱有冬春二種有胡葱木葱山葱晉令曰有紫葱

收葱子必薄布陰乾勿令浥鬱此葱性熱多喜浥鬱浥鬱則不生其擬種之地必須春種綠豆五月稀殺之比至七月耕數徧

一畝用子四五升（良田五升薄地四升）炒穀拌和之（葱子性澁不以穀和下不均調不炒穀則草穢生）兩耬重搆竅瓠下之以批（蒲結反）契（蘇結反）繼腰曳之七月納種至四月始鋤鋤徧乃翦翦與地平（高留則無菜深翦則傷根）翦欲旦起避熱時良地三翦薄地再翦八月止（不翦則不茂翦過則根跳若八月不止則葱無袍而損白）十二月盡掃去枯葉枯袍（不去枯葉春葉則不茂）二月三月出之（良地二月出薄地三月出）收子者別留之葱中亦種胡荽尋手供食乃至孟冬為菹亦不妨

崔寔曰二月別小葱六月別大葱七月可種大小葱（夏葱

曰小冬葱曰大

種韭第二十二

廣志曰弱韭長一尺出蜀漢王彪之蜀中賦曰蒲韭冬藏也

收韭子如葱子法若市上買韭子宜試之以銅鐺盛水加於火上微煮韭子須臾芽生者好芽不生者是浥鬱矣治畦下水糞覆悉與葵同然畦欲極深韭一剪一加糞又根性上跳故須深也二月七月種種法以升盞合地為處布子於園內韭性內生不向外長圍種令科成薅令常淨韭性多穢數薅為良高數寸剪之初種時止一剪至正月掃去畦中陳葉凍解以鐵杷耧

起下水加熟糞韭高三寸便翦之翦如葱法一歲之中不過五翦（每翦耙耬下水加糞悉如初）收子者一翦則留之若旱種者但無畦與水耳耙糞悉同一種永生（諺曰韭者懶人菜以其不須歲植也聲類曰韭者久長也一種永生）

崔寔曰正月上辛日掃除韭畦中枯葉七月藏韭菁（菁韭耙出）

種蜀芥蕓薹芥子第二十三

（吳氏本草云芥葅一名水蘇一名勞祖）

蜀芥蕓薹取葉者皆七月半種地欲糞熟蜀芥一畝（用子一升）蕓薹一畝（用子四升）種法與蕪菁同既生亦不鋤之十月收蕪菁訖時收蜀芥（中為鹹淡二菹亦任為乾菜）蕓薹足霜乃收（不足霜即澁）種芥子及蜀芥蕓薹取子者皆二三月好雨澤時種（三物性不耐寒經冬則死故須春種）旱則畦種水澆五月熟而收子（蕓薹冬天草覆亦得取子又得生茹供食）

崔寔曰六月大暑中伏後可收芥子七月八月可種芥

種胡荾第二十四

胡荽宜黑軟青沙良地三徧熟耕（樹陰下不得和豆處亦得）春種者用秋耕地開春凍解地起有潤澤時急接澤種之種法近市負郭田一畝用子二升故概種漸鋤取賣供生菜也外舍無市之處一畝用子一升疎密正好六七月種一畝用子一升先燥曬欲種時布子於堅地一升子與一擲濕土和之以腳蹉令破作兩段（多種者以塼瓦蹉之亦得以木礱之亦得子有兩人人各著故不破兩段則疎密水浥而不生著土者令注入穀中則生疾而長速種時欲燥此菜非雨不生所以不求濕下也）於旦暮潤時以耬構作壟以手散子即

勞令平春雨難期必須藉澤蹉跎失機則不得矣地正月中凍解者時節既早雖浸芽不生但燥種之不須浸子地若二月始解者歲月稍晚恐澤少不時生失歲計矣便於煖處籠盛胡荽子一日三度以水沃之二三日則芽生於旦暮時投潤漫擲之數日悉出矣大體與種麻法相似假令十日二十日來出者亦勿怪之尋自當出有草方令拔之菜生二三寸鋤去穊者供食及賣十月足霜乃收之取子者仍留根間古寬反拔令稀穊即不生以草覆上覆者得供生食又不凍死又五月子熟拔取曝乾勿使令濕濕則浥鬱格柯打出作蒿篅盛之冬日亦得入窖夏還出之但不濕亦得五六年停一畝收十石都邑糶賣石堪一疋絹若地

桒良不須重加耕墾者於子熟時好子稍有零落者然後拔取直深細鋤地一徧勞令平六月連雨時穭音呂生者亦尋滿地省耕種之勞秋種者五月子熟拔去急耕十餘日又一轉入六月又一轉令好調熟如麻地即於六月中旱時耬耩作壟蹉子令破手散還勞令平一同春法但既是旱種不須耬潤此菜旱種非連雨不生所以不同春月要求濕下種後未遇連雨雖一月不生亦勿恠麥底地亦得種止須急耕調雖名秋種會在六月

六月中無不霖望連雨生則根彊科大七月種者雨多亦得雨少則生不盡但根細科小不同六月種者便十倍失矣大都不用觸地濕入中生高數寸鋤去概者供食及賣作葅者十月足霜乃收之一畝兩載載直絹三匹若留冬中食者以草覆之尚得竟冬中食其春種小小供食者自可畦種畦種者一如葵法若種者挼生子令中破籠盛一日再度以水沃之令生芽然後種之再宿即生矣晝用箔蓋夜則去之晝不蓋熱不生夜不去虫棲之凡種菜子難生者

皆水沃令芽生無不即生矣

作胡荽葅法湯中渫出之著大甕中以煖葢經宿水浸之明日汲水淨洗出别器中以鹽酢浸之香美不苦亦可洗訖作粥津麥䴷味如蘘荷葅法亦有一種味作裹葅者亦須渫去苦汁然後乃用之矣

種蘭香第二十五

蘭香者羅勒也中國為石勒諱故改今人因以名焉且蘭香之目美於羅勒之名故即而用之韋弘賦敘曰羅勒者生崑崙之丘出西蠻之俗案今世大葉而浥者名朝膊香矣

三月中候棗葉始生乃種蘭香早種者徒費子耳天寒不生治畦下水一同葵法及水散子訖水盡簁熟糞僅得蓋子便止厚則不生弱苗故也晝日箔蓋夜即去之晝日不用見日夜須受露氣生即去箔常令足水六月連雨拔栽之掐心著泥中亦活作菹及乾者九月收晚即乾惡作乾者大晴時薄地刈取布地曝之乾乃挼取末甕中盛須則取用拔頭懸者裛爛又有雀糞塵土之患也取子者十月收自餘雜香菜不列者種法悉與此同

博物志曰燒馬蹄羊角成灰春散著濕地羅勒乃生

荏蓼第二十六

紫蘇薑芥薫葉與荏同時宜畦種爾雅曰薔虞蓼注云虞蓼澤蓼也蘇桂荏蘇生類故名桂荏也

三月可種荏蓼荏子白者良黄者不美荏性甚易生蓼尤宜水畦種也荏則隨宜園畔漫擲便歲歲自生矣荏子秋末成可收蓬於醬中藏之蓬荏角也實成則惡其多種者如種穀法雀甚嗜之必須近人家種矣收子壓取油可以煑餅荏油色緑可愛其氣香美煑餅亞胡麻油而勝麻子脂膏麻子脂膏並有腥氣然荏油不可為澤焦人髮研為羹臛美於麻子遠矣又可以為燭良地十石多種博穀則倍收於諸田不同也為帛煎油彌佳荏油性淳塗帛勝麻油蓼作菹

者長二寸則剪用袋盛沈於醬甕中又長更剪常得嫩者若待秋子成而落莖既堅硬葉又枯燥也取子者候實成速收之性易凋零晚則落盡五月六月中蓼可為虀以食莧

崔寔曰正月可種蓼

家政法曰三月可種蓼

種薑第二十七

字林曰薑御濕之茈茈音紫

薑宜白沙地少與糞和熟耕如麻地不厭熟縱橫七徧

尤善三月種之先種耬耩尋壟下薑一尺一科令上土厚三寸數鋤之六月作葦屋覆之（不耐寒熱故）九月掘出置屋中中國土不宜薑僅可存活勢不滋息種者聊擬藥物小小耳

崔寔曰三月清明節後十日封生薑至四月立夏後蠶大食芽生可種之九月藏茈薑蘘荷其歲若溫皆待十月（生薑謂之茈薑）

博物志曰妊娠不可食薑令子盈脂

蘘荷芹藘第二十八

説文曰蘘荷一名葍蒩搜神記曰蘘荷或謂嘉草爾雅曰芹楚葵也詩義疏曰藘苦葵青州謂之芑

蘘荷宜在樹陰下二月種之一種永生亦不須鋤微須加糞以土覆其上八月初踏其苗令死不踏則根不滋潤九月中取旁生根為菹亦可醬中藏之十月終以穀麥種覆不覆則凍死二月掃去之

食經藏蘘荷法蘘荷一石洗漬以苦酒六斗盛銅盆中著火上使小沸以蘘荷稍稍投之小萎便出著蓆上令冷下苦酒三斗以三升鹽著中乾梅三升使蘘荷一鹽酢澆土綿覆罌口二十日便可食矣

葛洪方曰人得蠱欲姓名者取蘘荷葉著病人卧席下立呼蠱主名也

芹䕩並收根畦種之常令足水尤忌潘泔及鹹水澆之則死性並易繁茂而甜脆勝野生者

白䕩尤宜糞歲常可收

馬芹子可以調蒜齏

堇及胡葸子熟時收又冬初畦種之開春早得美於野生惟穊為良尤宜熟糞

種苜蓿第二十九

漢書西域傳曰罽賓有苜蓿大宛馬武帝時得其馬漢使採苜蓿種歸陸機與弟書曰張騫使外國十八年得苜蓿歸西京雜記曰樂游苑自生玫瑰樹下多苜蓿苜蓿一名懷風時人或謂光風在風闕其間肅然自照其花有光采故名苜蓿懷風茂陵人謂之連枝草

地宜良熟七月種之畦種水澆一如韭法早種者重樓耩地使壟深闊竅瓠下子批契曳之每至正月燒去枯葉地液輒耕壟以鐵齒鎒榛鎒榛之更以魯斫斸其科土則滋茂矣不爾則瘦一年則三刈留子者一刈則止春初

既中生噉為羹甚香長宜飼馬尤嗜此物長生種者一勞永逸都邑負郭所宜種之

崔寔曰七月八月可種苜蓿

雜說第三十

崔寔四民月令曰正旦各上椒酒於其家長稱觴舉壽欣欣如也上除若十五日合諸膏小草續命丸散法藥農事未起命成童以上入太學五經謂十五以上至二十也硯氷釋命幼童入小學篇章謂九歲以上十四以下篇章謂六甲九九急就三倉之屬

命女工趨織布典饋釀春酒

染潢及治書法

凡打紙欲生則堅厚特宜入潢凡潢紙滅白便是不宜太深深則年久色闇也

人浸蘗熟即棄滓直用純汁費而無益蘗熟後漉滓擣而煑之布囊壓訖復擣煑之三擣二煑添和純汁者省功倍又彌明淨寫書經夏熟後入黃縫不綻解其新寫者須以熨斗縫縫熨而潢之不爾入則零落豆黃大不宜裛則全不入潢矣凡開卷讀書卷頭首紙不宜急卷急則破折折則裂以書帶上下絡首紙者無不裂壞卷一兩張後乃以書帶上下絡之者穩而不壞卷書勿用鬲帶而引之匪直常濕損卷又損首紙令穴當御竹引之書帶勿太急則令書腰折騎驀書上過者亦令書腰折書有錢裂酈方紙而補者率皆攣瘢瘡硬厚瘢痕於書有裂萍紙如䪥粟以補纖微相入殆無際會目非向明舉而看之略不卷補裂若出曲者還須於正紙上逐

屈曲形勢裂取而補之若不先正元理隨宜裂科紙者則令書卷縮凡點書記事多用緋縫繒體硬强費人齒力愈污染書又多零落若用紅紙者匪直明淨無染又紙性相親久而不落

雌黄治書法

先於青硬石上水磨雌黄令熟曝乾更於磁碗中研令極熟曝乾又於磁碗中研令極熟乃融膠清和於鐵杵臼中熟擣丸如墨丸陰乾以水研而治書永不剝落若於碗中和用之者膠清雖多久亦剝落凡雌黄治書待潢訖治者佳先治入潢則動

書廚中欲得安麝香木瓜令蠹蟲不生五月濕熱蠹蟲將生書經夏不舒展者必生蟲也五月十五日以後七月二十日以前必須三度舒而卷之須要晴時於大屋下風涼處不見日處曝書令書色暍熱卷生蟲彌速陰雨潤氣尤須避之慎書如此則數百年矣

二月順陽習射以備不虞春分中雷乃發聲先後各五

日寢別內外有不戒者生子不備蠶事未起命縫人浣冬衣徹複爲袷其有贏帛遂供秋服凡浣故帛用灰汁則色黃而且肥擣小豆為末下絹簁投湯中以洗之潔白而柔肕勝皁莢矣可糶粟黍大小豆麻麥子等收薪炭炭聚之下碎末勿令棄之擣簁煮淅米泔溲之更擣令熟丸如雞子曝乾以供籠爐種火之用輒得達曙堅實耐久踰炭十倍

漱素鉤反生衣絹法以水浸絹令浸一日數度迴轉之六七日水微臭然後拍出柔肕潔白大勝用灰

上犢車蓬軬及糊屏風書衣令不生蟲法水浸石灰經一宿浥取汁

以和豆黏紙寫書入潢則墨矣

作假蠟燭法蒲熟時多收蒲臺削肥松大如指以為心爛布纏之融牛羊脂灌於蒲臺中宛轉於板上授令圓平更灌之足得供事其省功十倍也

三月三日及上除採艾及柳絮絮止瘡痛是月也冬穀或盡椹麥未熟乃順陽布德振贍窮乏之務施九族自親者始無或蘊財忍人之窮無或利名罄家繼富度入為出處厥中焉蠶農尚閒可利溝瀆葺治牆屋修門戶警設守備以禦春饑草竊之寇是月盡夏至煖氣將盛日烈暵

燥利用漆油作諸日煎藥可糶黍買布四月繭既入簇
趨繰剖線具機杼敬經絡草茂可燒灰是月也可作棗
蛹以禦賓客可糴麵及大麥弊絮
五月芒種節後陽氣始虧陰慝將萌煖氣始盛蟲蠹並
興乃弛角弓弩解其徽絃張竹木弓弩弛其絃以灰藏
旃裘毛毳之物及箭羽以竿挂油衣勿辟藏暑濕相著也是
月五日合止痢黄連圓霍亂圓採葸耳取蟾蜍以合血疽瘡藥
及東行螻蛄螻蛄有刺治去刺療產婦難生衣不出霖雨將降儲米穀薪

炭以備道路陷滯不通是月也陰陽爭血氣散夏至先後各十五日薄滋味勿多食肥醲距立秋無食煮餅及水引餅夏月食水時此二餅得水即堅強難消不幸便為宿食傷寒病矣試以此二餅置水中即可驗唯酒引餅入水即爛矣可糴大小豆胡麻糴穬大小麥收弊絮及布帛至後糴麱䴛曝乾置甖中密封使不生蟲至冬可養馬

六月命女工織縑練絹及紗縠之屬可燒灰染青紺雜色七月四日命置麴室具箔槌取淨艾六日饌治五穀磨具七日遂作麴及曝經書與衣作乾糗採葸耳處暑中向秋

節浣故製新作擣薄以備始涼糴大小麥豆收縑練

八月暑退命幼童入小學如正月焉涼風戒寒趣練縑帛染綵色河東染御黃法碓擣地黃根令熟灰汁和之攪令匀搯取汁別器盛更擣滓使極熟又以灰汁和之如薄粥為入不渝釜中煑生絹數迴轉使匀舉看有盛水袋子便是絹熟杼出著盆中尋繹舒張少時拔出淨振去滓晒極乾以別絹濾白淳汁和熟杼出更就盆染之急舒展令均汁冷拔之出曝乾則成矣治釜不渝法在醴酪條中大率三升地黃染得一疋御地黃多則好柞柴桑薪蒿灰等物皆得用之

擘綿治絮製新浣故及韋履賤好預買以備冬寒刈萑葦芻茭涼燥可上弓弩繕理檠鋤正縛鎧絃遂以習射

弛竹木弓弧糴種麥糴黍

九月治場圃塗囷倉修竇窖繕五兵習戰射以備寒凍窮厄之寇存問九族孤寡老病不能自存者分厚徹重以救其寒

十月培築垣牆塞向墐戶（北出牖謂之向）上辛命典饋漬麴釀冬酒作脯腊農事畢令成童入大學如正月焉五穀既登家儲畜積乃順時令勑喪紀同宗有貧窶久喪不堪葬者則糾合宗人共興舉之以親疎貧富為差正心平

歛無相踰越先自竭以率不隨先氷凍作涼餳煮暴飴

可析麻緝績布縷作白履不惜（草履之賤者曰不惜）賣縑帛弊絮

糴粟豆麻子

冬十一月陰陽爭血氣散冬至日先後各五日寢別内

外硯水凍命幼童論孝經論語篇章入小學可釀醢糴

秔稻粟豆麻子

十二月請召宗族婚姻賓旅講好和禮以篤恩紀休農

息役惠必下浹遂合耦田器養耕牛選任田者以俟農

事之起去豬盍車骨後三歲可合瘡膏藥及臘日祀炙箑箑一作簅燒飲治刺入肉中及樹瓜田中四角去蟲蟲東門磔白雞頭可以合法藥

范子計然曰五穀者萬民之命國之重寶故無道之君及無道之民不能積其盛有餘之時以待其衰不足也

孟子曰狗彘食人食而不知檢塗有餓莩而不知發言豐年人君養犬豕使食人食不知法度檢制凶歲道路之傍人有餓死者不知發倉廩以賑之原孟子之意蓋常平倉之濫觴也人死則曰非我也歲也是何異於刺人而殺之曰非我也兵也人死為餓死虐政使然

凡糴五穀菜子皆須初熟日糴將種時糶收利必倍凡冬糴豆穀至夏秋初雨潦之時糶之價亦倍矣蓋自然之數

魯秋胡曰力田不如逢年豐者尤宜多糴

史記貨殖傳曰宣曲任氏為督道倉吏秦之敗豪傑者爭取金玉任氏獨窖倉粟楚漢相拒滎陽民不得耕米石至萬而豪傑金玉盡歸任氏任氏以此起富其效也

且風蟲水旱饑饉薦臻十年之内儉居四五安可不預

備凶災也

師曠占五穀貴賤法常以十月朔日占春糴貴賤風從東來春賤逆此者貴以四月朔占秋糴風從南來西來者秋皆賤逆此者貴以正月朔占夏糴風從南來東來者皆賤逆此者貴

師曠占五穀曰正月甲戌日大風東來折樹者穀熟甲寅日大風西北來者貴庚寅日風從西來者皆貴二月甲戌日風從南來者稻熟乙卯日不雨晴明稻上場不

熟四月四日雨稻熟日月珥天下喜十五日十六日雨

晚稻善日月蝕

師曠占五穀早晚曰粟米常以九月為本若貴賤不時以最賤所之月為本粟以秋得本貴在來夏以冬得本貴在來秋此收穀遠近之期也早晚以其時差之粟米春夏貴去年秋冬什七到夏復貴秋冬什九者是陽道之極也急糶之勿留留則太賤也

黄帝問師曠曰欲知牛馬貴賤秋葵下有小葵生牛貴

大癸不蟲牛馬賤

越絶書曰越王問范子曰今寡人欲保穀為奈何范子曰欲保穀必觀於野視諸侯所多少為備越王曰所多可得為困其貴賤亦有應乎范子曰夫知穀貴賤之法必察天之三表即決矣越王曰請問三表范子曰水之勢勝金陰氣蓄積大盛水據金而死故金中有水如此者歲大敗八穀皆貴金之勢勝木陽氣蓄積大盛金據木而死故木中有火如此者歲大美八穀皆賤金木水

火更相勝此天之三表也不可不察能知三表可以為邦寳越王又問曰寡人已聞陰陽之事穀之貴賤可得聞乎荅曰陽主貴陰主賤故當寒不寒穀暴貴當温不温穀暴賤王曰善書帛致於枕中以為國寳

范子曰堯舜禹湯皆有預見之明雖有凶年而民不窮王曰善以丹書帛致之枕中以為國寳

鹽鐵論曰桃李實多者來年為之穰

物理論曰正月望夜占陰陽陽長即旱陰長即水立表

以測其長短審其水旱表長二尺月影長二尺以其大旱二尺五寸至三尺小旱三尺五寸至四尺調適高下皆熟四尺五寸至五尺小水五尺五寸至六尺大水月影所極則正面也立表中正乃得其定又曰正月朔旦四面有黄氣其歲大豐此黄帝用事土氣黄均四方並熟有青氣雜黄有螟蟲赤氣大旱黑氣大水正朔占歲星上有青氣宜桑赤氣宜豆黄氣宜稻史記天官書曰正月旦決八風風從南方來大旱西南小旱西方有兵

西北戎菽為戎菽胡豆也為成也趣兵北方為中歲東北為上歲東方大水東南民有疾疫歲惡正月上甲風從東方來宜蠶從西方若旦黃雲惡

師曠占曰黃帝問曰吾欲占樂善一心可知不對曰歲欲甘甘草先生薺歲欲苦苦草先生葶藶歲欲雨雨草先生藕歲欲旱旱草先生蒺藜歲欲荒荒草先生蓬歲欲病病草先生艾

齊民要術卷三

欽定四庫全書

齊民要術卷四

後魏 賈思勰 撰

種茱萸第四十四

園籬第三十一

凡作園籬法於牆基之所方整深耕凡耕作三壟中間相去各二尺秋上酸棗熟時收於壟中穊種之至明年秋生高三尺許間斷去惡者相去一尺留一根必須稀穊均調行五條直相明當至明年春剶去横之剶必留距若不留距侵皮痕大逢寒即死剶訖即編為巴籬隨宜夾剶務使舒緩急則不復得長故也又至明年春更剶其末又編之高七尺便

足欲髙作者亦任人意匪直姦人慙笑而返狐狼亦息望而迴行人見者莫不嗟嘆不覺白日西移遂忘前途尚遠盤桓瞻矚久而不能去枳棘之籬折柳樊園斯其義也其種柳作之者一尺一樹初時斜插插時即編其種榆莢者一同酸棗如其栽榆與柳斜直髙與人等然後編之數年長成共相蹙迫交柯錯葉特似房櫳既圖龍蛇之形復寫鳥獸之狀緣勢嶔崎其貌非一若值巧人其便採用則無事不成尤宜作机其盤紆茀鬱其文互起縈布

錦繡萬變不窮

栽樹第三十二

凡栽一切樹木欲記其陰陽不令轉易（陰陽易位則難生小小栽者不須記也）大樹髡之（不髡風搖則死）小則不髡先為深坑內樹訖以水沃之著土令如薄泥東西南北搖之良久（搖則泥入根間無不活者不搖虛多死其小樹則不須爾）然後下土堅築（近上二寸不築取其柔潤也）時時灌溉常令潤澤（每澆水盡即以燥土覆之覆則保澤不覆則乾涸）埋之欲深勿令撓動凡栽樹訖皆不用手捉及六畜觝突（戰國策曰大柳縱橫

顛倒樹之皆生十人樹之一人搖之則無生矣凡栽樹正月為上時諺曰正月可栽樹言得時易生也二月為中時三月為下時棗雞口槐兔目桑蝦蟇眼榆負瘤散自餘雜木鼠耳蝱趨各其時此等名目皆是葉生形容之所象似以此時栽種者葉皆即生早栽者葉晚出雖然寧大早為佳不可晚也樹大率種數既多不可一一備舉凡不見者栽時之法皆求之此條

淮南子曰夫移樹者失其陰陽之性則莫不枯槁高誘曰失猶易

文子曰冬冰可折夏木可結時難得而易失木方盛雖日採之而復生秋風下霜一夕而零非時有功難立

崔寔曰正月自朔暨晦可移諸樹竹漆桐梓松柏雜木唯有果實者及望而止過十五日則果少實

食經曰種名果法三月上旬研好直枝如大拇指長五尺內著芋魁種之無芋大蕪菁根亦可用勝種核核三四年乃如此大耳可得行種

凡五果花盛時遭霜則無子常預於園中往往貯惡草

生糞天雨新晴北風寒切是夜必霜此時放火作煴少得煙氣則免於霜矣

崔氏曰正月盡二月可剶樹枝二月盡三月可掩樹枝埋樹枝土中令生二歲以上可移種矣

種棗第三十三

爾雅曰棗壺棗邊要棗櫅白棗樲酸棗楊徹齊棗遵羊棗洗大棗煑填棗蹶泄苦棗晳無實棗還味棯棗郭璞注曰今江東呼棗大而銳上者為壺壺猶瓠也要細腰今之謂鹿盧棗櫅即今棗子白熟貳酢 孟子嘗口樲棗樲棗者遵實小而且圓紫黑色俗呼羊矢棗孟子曰曾子嗜羊棗洗今河東猗氏縣出大棗子如雞卵蹶泄子

味苦䁯不著子者還味短味也填未詳廣志曰河東安邑棗東郡谷城紫棗長二寸西王母棗大如李核一月熟安平信都大棗梁國夫人棗大白棗小核多肥三星棗又有狗牙雞心牛頭羊矢細腰之名又有棗木棗崎廉棗鄴中記曰石虎苑中有西王母棗冬夏有葉九月生花十一月乃熟三子一赤又有羊角棗亦三子一赤孟曰堯山有歷棗侯氏本草曰大棗者名良棗西京雜記曰弱枝棗王門棗丹棗王母棗青花棗赤心棗棠青州有樂氏棗肌細核多膏肥美為天下第一父老相傳云樂毅破齊時從燕來齊所種也

常選好味者留栽之候棗葉始生而移之棗性硬故主晚栽早者堅格生遲也三步一樹行欲相當地不耕也欲令牛馬履踐令淨棗性堅強不以苗稼是以耕荒穢則蟲生所以須淨地堅銳故宜踐也正月一日日出時反

斧班駁椎之名嫁棗不椎則花無實子而零落也候大蠶入蔟以杖擊其枝間振落狂花不打花繁不實不成全赤即收收法日日撼落之為上半赤而收者肉未充滿乾則黃色而皮皺將赤味亦不佳久不收則皮破復有鳥啄之

曬棗　先治地令淨布椽於箔下置棗於箔上以椽聚而復散之一日中二十度乃佳夜仍不聚得霜露氣乾速成陰雨之時乃聚而苫之五六日後別擇取紅軟上高厨上曝之厨上者已乾雖厚一尺亦不壞擇去胖爛者其未乾者曝曬如法其阜勞之地不任耕稼者歷落種棗則任矣棗性燥收凡五果及桑正月

一日雞鳴時把火遍照其下則無蟲災

食經曰作乾棗法蔣將露於庭以棗著土厚二寸復以新蔣覆之凡三日三夜撤覆露之畢日曝取乾入屋中率一石以酒一升漱著器中密泥之經數年不敗也

棗油法鄭玄曰棗油擣棗實和以塗繒上燥而形似油也乃成之

棗脯法切棗曝之乾如脯也

雜五行書曰舍南種棗九株辟縣官宜蠶桑服棗核中

人二七枚辟病疾能常服棗核中人及其刺百邪不復

干矣

種梗棗法陰地種之陽中則少實足霜色殷然後乃收之早收者澁不任食之也說文云

梬棗也似柹而小

作酸棗麨法急取紅軟者箔上泊曝令乾大釜中煑之水僅泊淹一沸即漉出盆研之生布絞取濃汁塗盤上或盆中盛水暑曝使乾漸以手摩滑取為末以方寸匕投一掬水中酸甜味足即成好漿遠行用和米麨飢渴俱當也

種桃第三十四

爾雅曰旄冬桃榹桃山桃郭璞注曰旄桃子冬熟山桃實如桃而不解核廣志曰桃有冬桃秋白桃襄桃其桃美也有秋赤桃廣雅曰抵子者胡也本草經曰桃梟在樹不落殺百鬼鄴中記曰石虎苑中有句鼻桃重二斤西京雜記曰核桃櫻桃緗桃霜桃言霜下可食金城桃胡桃出西域甘美可食綺帶桃合桃紫文桃

桃柰桃欲種法熟時合肉全埋糞地中直置凡地則不生生亦不茂桃惟早實三歲便結子故不求穀也至春既生移栽實地若仍糞中則實小而味苦矣栽法以鍬合土掘移之桃性易種難栽若離本土率多死故須然矣又法桃熟時墻南陽中煖處深寬為坑選取好桃數十枚擘取核即內牛糞中頭向上取好爛和土厚覆之令厚尺餘至春桃始動時徐徐撥去糞土皆因生芽合取核種之萬不失一其餘以熟糞糞之則益桃味桃性皮

急四年以上宜以刀豎劚其皮不劚者皮急則死七八年便老老則子細十年則死是以宜歲歲常種之桃酢法桃爛自零者收去內之於甕中以物蓋口七日之後既爛漉去皮核密封貯之三日酢成香美可食

術曰東方種桃九根宜子孫除凶禍明桃奈桃種亦同

櫻桃爾雅曰楔荆桃郭璞注曰今櫻桃廣雅曰楔桃大者如彈丸子有長八分者有白色者凡三種鄭生注曰今謂之櫻桃博物志曰櫻桃者一名牛桃一名英桃

二月初山中取栽陽中者還種陽地陰中者還種陰地

若陰陽易地則難生生亦不實此果性生陰地既入園圃便是陽中故多難得生宜堅實之地不可用虛糞也

葡萄漢武帝使張騫至大宛取葡萄實於離宮別館旁盡種之西域有葡萄蔓延並以屬廣志曰葡萄有黃白黑三種者也**蔓延性緣不能自舉作架以承之葉密陰厚可以避熱**十月中去根一步許掘作坑收卷葡萄悉埋之近枝莖薄安黍穰彌佳無穰直安土亦得不宜溼溼則冰凍二月中還出舒而上架性不奈寒不埋即死其歲久根莖粗大者宜遠根作坑勿令莖折其坑外處亦掘土並穰培覆之

摘葡萄法逐熟者一一零疊一作摘取從本至末悉皆無遺世人全房折殺者

作乾葡萄法極熟者一一零壓摘取刀子切去蒂勿令汁出蜜兩分和內葡萄中煮四五沸漉出

陰乾便成矣非直滋味倍勝又得夏暑不敗壞也

藏葡萄法 極熟時全房折取於屋下作廕坑坑内近地鑿壁為孔插枝於孔中還築孔使堅屋子置土覆之經冬不異也

種李第三十五

爾雅曰休無實李痤接慮李剥赤李廣志曰赤李麥李細小有溝道有黄建李青皮李馬肝李赤陵李有離李肥黏似饊有柰李離核李似柰有劈裂有經李一名老李其樹數年即枯有杏李味小酸似杏有黄扁李有夏李冬李十一月熟有春季李冬花春熟荆州土地記曰房陵南郡有名李風土記曰南郡細李四月先熟西晉傅玄賦曰河沂黄建房陵縹青西京雜記曰有朱李黄李紫李綠李青李綺李青房李草下李顏回李出魯合枝

李羌李燕李今世有木李實絶大而美又有中植李在麥穀前而熟者李欲栽李性堅實晚五歲者始子是以藉栽枝者三歲便結子也

李性耐久樹得三十年老雖枝枯子亦不細嫁李法正月一日或十五日以磚著李樹岐中令實繁又法臘月中以杖微打岐間正月時日復打之亦足子也又法以煑醴酪火㮇著樹枝間亦良樹寒實多者故多束之以取火焉李樹桃樹下並欲鋤去草穢而不用耕墾耕則肥而無衍實樹下犂撥即死之桃李大率方兩步一根大槩連陰則子細而味亦不佳管子曰三沃之土其木宜梅李韓詩外傳云簡王曰

春樹桃李夏得陰其下秋得食其實春種蒺藜夏不得採其實秋得刺焉家政法曰二月從梅李也

作白李法

用夏李色黃便摘取於鹽中挼之鹽入汁出然後合鹽曬令萎手捻之令褊復曬更捻極褊乃止曝乾飲酒時以湯洗之漉著蜜中可酒矣

種梅杏第三十六 杏李麨附出

爾雅曰梅柟時英梅郭璞注曰梅似杏實醋英梅未聞廣志曰蜀名梅為藤大如鴈子梅杏皆可以為油脯黃梅以熟藤作之詩義疏曰梅杏類也樹木葉皆如杏而黑耳實赤於杏而醋亦生噉也煮而曝乾為蘇置羹臛韲中又可含以香口亦蜜藏而食西京雜記曰候梅朱梅同心梅紫帶梅燕脂梅麗枝梅綦梅花早而白杏花晚而紅梅實小而酸核有韲文杏實大而甜核無文采白梅任調食及韲杏則不任此用世人或不能辨言梅

杏為一物失之遠矣廣志曰滎陽白杏鄴中有赤杏有黃杏有有李杏西京雜記曰文杏材有文彩蓬萊杏是仙人所食杏也

栽種與桃李同

作白梅法梅子酸核初成時摘取夜以鹽汁漬之晝則日曝凡作十宿十浸十曝便成調鼎和虀所在多任也

作烏梅法亦以梅子核初成時摘取籠盛於突上薰之令乾即濃矣烏梅入藥不任調食也

食經曰蜀中藏梅法取梅極大者剝皮陰乾勿令得風經二宿去鹽汁內蜜中月許更易蜜經年如新也

作杏李麨法杏李熟時多取爛者盆中研之生布絞取濃汁塗盤中日曝乾以手摩刮取之可和水漿及和米麨所在入意也

作烏梅欲令不蠧法濃燒穰以湯沃之取汁以梅投之使澤乃出蒸之

釋名曰杏可以為油

神仙傳曰董奉居廬山不交人為人治病不取錢重病得愈使種杏五株輕病為栽一株數年之中杏有十數萬株鬱鬱然成林其杏子熟於林中所在作倉宣語買杏者不須求報但自取之具一器穀便得一器杏有人少穀往而取杏多者即有五虎逐之此人怖虎檐領覆所餘在器中如向所扶持穀多少虎乃逐去自是以後買杏者皆於林中自平量恐有多出奉悉以前所得穀賑救貧乏尋陽記曰杏在北嶺上數百株今

猶稱董
先生杏

杏子人可以為粥多收買者可以供紙墨之直也

種梨第三十七

廣志曰洛陽北邙張公夏梨海內唯有一樹常山真定山陽鉅野梁國睢陽齊國臨淄鉅鹿並梨上黨楟梨小而加甘廣都梨又云鉅鹿豪梨重六斤數人分食之新豐箭谷梨弘農京兆又扶風郡界諸谷中梨多供御陽城秋梨夏梨三秦記曰漢武東園一名御宿有大梨如斗落地即收取著以布囊盛之名曰含消梨荊州土地記曰江陵有石梨永嘉青田村民家有一梨樹名曰官梨子大一圍五方常以貢獻名曰御梨實落地即融釋西京雜記曰紫梨芳梨實小青梨實大大容梨細葉梨瀚海梨出瀚海地耐寒不枯

種者梨熟時全埋之經年至春地釋分栽之多著熟糞及水至冬葉落附地刈殺之以炭火燒頭二年即結子若穭生及種而不栽者著子遲每梨有十許唯二子生梨餘皆生杜插者彌疾插法用棠杜棠梨大而細理杜次桑梨大惡棗石榴上插得者為上梨雖治十收得一二也杜如臂已上皆任插當先種杜經年後插之至冬俱下亦得然俱下者地死則不生也杜樹大者插五枝小者或二梨葉微動為上時將欲開莩為下時先作麻紉支珍反纏十許匝一鋸截杜令去地五六寸斜攕竹刺皮木之際令深一寸許折取其美梨

枝陽中者陰中枝則實少長五六寸亦斜攕之令過心大小長短與籤等以刀劉梨枝斜攕之際剝去黑皮勿令傷青皮青皮傷即死拔去竹籤即插梨令至劉處木還向木皮還近皮插訖以綿幕杜頭封熟泥於上以土培覆之勿令堅固百不失一梨枝甚脆培土時宜慎之勿使掌撥掌護則折其十字破杜者十不收一所以然者梨皮開虛燥故也梨既生杜旁有葉出輒去之不去勢分梨長必遲

凡插梨園中者用旁枝庭前者中心旁枝樹下上易收中心聳不妨用

根蒂小枝樹形可喜五年方結子鳩脚老枝三年即結子而樹醜吴氏本草曰金創乳婦不可食梨多食則損人非補益之物產婦蓐中及疾病未愈食梨多者無不致病欬逆氣上者尤宜慎之

凡遠道取梨者下根即燒三四寸亦可行數百步猶生

藏梨法初霜後即收霜多即不得經脱夏也於屋下掘作深陰坑底無令潤濕收梨置中不須覆蓋便得經夏摘時必令好接勿令損傷

凡醋梨易水熟煑則甘美而不損人也

種栗第三十八

廣志曰關中大栗如雞子大蔡伯喈曰有胡栗魏志云有東夷韓國山大栗狀如梨三秦記曰漢武帝栗園有栗十五顆一升王逸曰朔濱之栗西京雜記曰榛栗瑰栗嶧陽栗嶧陽都尉曹龍所獻其大如拳

栗種而不栽栽者雖生尋死矣栗初熟出殼即裏埋著濕土中埋必須深勿令凍徹若路遠者以韋囊盛之見風日則不復生矣至春二月悉芽生出而種之既生數年不用掌近凡新栽之樹皆不用掌近栗性尤甚也三年内每到十月常須草裹至二月乃解不裹則凍死大戴禮夏小正曰八月零而後取之故不言剝之

食經藏乾栗法取穰灰淋取汁漬栗日出曬令栗肉焦燥不畏蟲得至後年春夏

藏生栗法著器中細沙可煨以盆覆之至後年二月皆生芽而不蟲者也

榛周官曰榛似栗而小說文曰榛似梓實如小栗衛詩曰山有蓁詩義疏云栗屬或所謂從木有兩種其一種大小枝皆如栗其子形似杼子芽亦如栗所謂樹之蓁栗者其一種枝莖如木蓼葉如牛李色生高丈餘其核中悉如李作胡桃味膏又美亦可食噉漁陽遼上黨皆饒其枝莖生樵爇燭明而煙

栽種與栗同

柰林檎第三十九

廣志曰楉掩蘆柰也又曰柰有白青赤三種張掖有柰酒泉有赤柰西方例多柰家以為脯數十百斛以蓄積

如收藏棗栗魏明帝時諸王朝夜賜東城柰一匳陳思王謝曰柰以夏熟今則冬生物非時為珍恩以須為厚詔曰此柰從涼州來晉宮閣簿曰秋有白柰西京雜記曰紫柰别有素柰朱柰廣志曰理琴以赤柰

柰林檎不種但栽之種之雖生而味不佳取栽如壓桑法又法栽如桃李法林檎樹以正月二月中翻斧斑駮椎之則饒子

作柰麨法拾爛柰内甕盆合勿令風入六七日許當大爛以酒淹痛抨之令如粥狀下水更抨以羅漉去受子良久澄清瀉去汁更下水復抨如初看無臭氣乃上瀉去汁置布於上以灰飲汁如作米粉法汁盡刀剮大如梳掌於日中曝乾研作末便甜酸得所芳香非常也

作林檎麨法 林檎赤熟時擘破去子心蔕日曬令乾或磨或擣下細絹篩麤者更磨擣以細盡為限以方寸匕投於椀中即成美漿不去蔕則大苦合子則不度夏留心則大酸若乾啖者以林檎麨一升和米麪二升味正適調

作柰脯法 柰熟時中破曝乾即成矣

種柿第四十

說文曰柿赤實果也廣志曰小者如小杏又曰梗棗味如柿晉陽梗肥細而厚以供御王逸曰苑中牛柿李尤曰鴻柿苦瓜張衡曰山柿左思曰湖畔之柿潘岳曰梁侯烏押之柿

柿有小者栽之無者取枝於梗棗根上插之

插柿法 闕

食經藏柿法 柿熟時取之以灰汁燥再三令汁絕著器中可食

安石榴第四十一

陸璣曰張騫為漢使外國十八年得塗林塗林安石榴也廣志曰安榴有甜酸二等鄴中記云石虎苑中有安石榴子大如盂椀其味不酸抱朴子曰積石山有苦榴周景式廬山記曰香鑪峯頭有大盤石可坐數百人垂生石榴二月中作花色如石榴而小淡紅敷紫蕚煒煜可愛京口記曰龍剛縣有石榴西京雜記曰有甘石榴也

栽石榴法三月初取枝大如手大指者斬令長一尺半

八九枝共為一窠燒下頭二寸（不燒則漏失矣）掘圓坑深一尺七寸口徑尺竪枝於坑畔（環口布枝令勻調也）置枯骨礓石於枝間（骨石此是樹性所宜）下土築之一寸土一重骨石平坎止（其土令沒枝頭一寸許也）水澆常令潤澤既生又以骨石布其根下則科圓滋茂可愛（若孤根獨立者雖生亦不佳焉）十月中以藁裹而纏之（不裹則凍死也）二月初解放若不能得多枝者取一長條燒頭圓屈如牛拘而橫埋之亦得然不及上法根彊早成其拘中亦安骨石其劚根栽者亦圓布之安骨石於其中也

種木瓜第四十二

爾雅曰楙木瓜郭璞注曰實如小瓜酢可食廣志曰木瓜子可藏枝可為數號一尺百二十節衛詩曰投我以木瓜毛公曰楙也詩義疏曰楙葉似柰葉實如小瓜黄似著粉者欲噉者截著熱灰中令萎蔫淨洗以苦酒頭汁蜜之可案酒食蜜封藏百日乃食之甚美

木瓜種子及栽皆得壓枝亦生栽種與李同

食經藏木瓜法先截去皮煑令熟著水中車輪切百瓜用三升鹽蜜一斗漬之晝曝夜內汁中取令乾以餘汁蜜藏之亦同濃秔汁也

種椒第四十三

爾雅曰櫠木椒廣志曰胡椒出西域范子計然曰蜀椒出五都秦出天水案今青州有蜀椒種本商人居椒為業見椒中黑實乃遂生意種之凡種數千枚止有一根生數歳之後更結子實其芳香形色與蜀椒不殊氣勢微弱耳遂分布種移畧通州境也

熟時收取黑子（俗名椒目不用人手數近促之則不生也）四月初畦種之（治畦下水如種葵法）方三寸一子篩土覆之令厚寸許復篩熟糞以蓋土上旱輒澆之常令潤澤生高數寸夏連雨時可移之移法先作小坑圓深三寸以刀子圓劚椒栽合土移之於坑中萬不失一（若拔而移者率多死）若移大栽者二月三月

中移之先作熟蘘泥掘出即封根合泥埋之（行百餘里者亦得生）此物性不耐寒陽中之樹各須草裹（不裹即死）其生小陰中者少禀寒氣則不用裹（所謂習與性成一木若宋藍之染之性寒暑易容能不易質故觀鄰識士見友知人也）候實口開便速收之天時晴摘下薄布曝之令一日即乾色赤椒好（若陰時收者色黑失味）其葉及青摘取可以為菹乾而末之亦足充事養生要論曰臘夜令持椒臥房牀旁無與人言內井中除瘟病

種茱萸第四十四

食茱萸也山茱萸則不任食二月栽之宜固城隄冢高燥之處（凡於城上種時者先宜隨長短掘塹停之經年然後於塹中種時保澤沃壤與平地無差不爾者土堅澤流長物不遠經年倍樹木尚小）候實開便收之挂著屋裏壁上令陰乾勿使煙熏（烟熏則苦而不辛也）用時去中黑子（肉醬魚鮮偏可所用）術曰井上宜種茱萸茱萸葉落井中有此水者無瘟病雜五行書曰舍東種白楊茱萸三根增年益壽除患害也又術曰懸茱萸子於屋内鬼畏不入也

齊民要術卷四

欽定四庫全書

齊民要術卷五

後魏　賈思勰　撰

種桑柘第四十五　養蠶附

種榆白楊第四十六

種棠第四十七

種穀楮第四十八

種漆第四十九

種槐柳楸梓梧柞第五十

種竹第五十一

種紅藍花及梔子第五十二燕支香手藥紫澤面脂粉白粉附

種藍第五十三

種紫草第五十四

伐木第五十五種地黃法附

種桑柘第四十五養蠶附

爾雅曰桑辨有椹梔註云辨半也女桑桋桑注曰今俗呼桑樹小而條長者為女桑樹也檿桑山桑注云似桑

村中為弓及車轅搜神記曰太古時有人遠征家有一女并馬一匹女思父乃戲馬云能為迎父吾將嫁於汝馬絕韁而去至父所父疑家中有故乘之而還馬後見女輒怒而奮擊父怪之密問女女具以告父父屠馬曬皮於庭女至皮所以足蹴之曰爾馬而欲人為婦自取屠剝如何言未竟皮蹷然起卷女而行後於大樹之間得女及皮盡化為蠶績於樹上世謂蠶為女兒古之遺言也因名其樹為桑桑言喪也今世有荊桑地桑之名

桑柘熟時收黑魯椹黄魯桑不耐久諺曰魯桑百豈錦帛言其桑好功省用力即日以水淘取子曬燥仍畦種治畦下水一如葵法常薅令淨明年正月移而栽之仲春季春亦得率五尺一根不用耕故凡栽桑不得者無他故正悉犁撥耳是以須概不用稀稀通耕犁者心雖慎率多死矣且概則長疾大都種椹長遲不如壓枝之速無栽者乃

種椹也其下常斸掘種綠荳小荳二荳良美潤澤栽後二年慎勿採沐小採者長倍遲大如臂許正月中移之亦不須髡率十步一樹陰相接者則妨禾荳行欲小掎角不用正相當相當者則妨犁須取栽者正月二月中以鈎弋壓下枝令著地條葉生高數寸仍以燥土壅之土濕則爛明年正月中截取而種之住宅上及園畔固宜即定其田中種者亦如種椹法先穊種一二年然後更移之

凡耕桑田不用近樹傷桑破犁所謂兩失其犁不著處斸斷令起斫去浮根以蠶矢糞之去浮根不妨耬犁令樹

一枚直十文胡牀一具直百文十五年任為弓材一張二百亦堪作履一兩六十裁截碎木中作錐刀靶一箇直三文二十年好作犢車材一乘直萬錢欲作鞍橋者生枝長三尺許以繩繫旁枝木橛釘著地中令曲如橋十年之後便是渾成柘橋一具直絹一匹欲作快弓材者宜於山石之間北陰中種之其高原山田土厚水

深之處多搖掘深坑於坑之中種桑柘者隨坑深淺或一丈五直上出坑乃扶疎四散此樹條直異於常材十年之後無所不任一樹直絹一匹

柘葉飼蠶絲可作琴瑟等絃清鳴響徹勝於凡絲遠矣

禮記月令曰季春無伐桑柘鄭玄注曰愛養蠶食也具曲植籧筐注曰名養蠶之器躬桑以勸蠶事為敗情

周禮曰馬質禁原蠶者注曰質平也主買馬平其大小之價直者原再也天文辰為馬蠶書蠶為龍精月直大

火則浴其蠶種是蠶與馬同氣物莫能兩大故禁再蠶者為傷馬與

孟子曰五畝之宅樹之以桑五十者可以衣帛矣

尚書大傳曰天子諸侯必有公桑蠶室就川而為之大昕之朝夫人浴種於川

春秋考異郵曰陽物大惡水故蠶食而不飲陽立於三春故蠶三變而後消死於三七二十一日故二十一日而繭

淮南子曰原蠶一歲再登非不利也然王者法禁之
為其殘桑也
氾勝之書曰種桑法五月取椹著水中即以手漬之以
水灌洗取子陰乾治肥田十畝荒田久不耕者尤善好
耕治之每畝以黍椹子各三升合種之黍桑當俱生鋤
之桑令稀疏調適黍熟獲之桑生正與黍高平因以利
鎌摩地刈之曝令燥後有風調放火燒之常逆風起火
桑至春生一畝食三箔蠶

俞益期牋曰日南蠶八熟繭軟而薄椹採少多

永嘉記曰永嘉有八輩蠶蚖珍蠶(三月績)柘蠶(四月初績)蚖蠶(四月初績)愛珍(五月績)愛蠶(六月末績)寒珍(七月末績)四出蠶(九月初績)寒蠶(十月績)凡蠶再熟者前輩皆謂之珍養珍者少養之愛蠶者故蚖蠶種也蚖蠶三月既績出蛾取卵七八日便剖卵蠶生多養之是為蚖蠶欲作愛者取蚖珍之卵藏内甖中隨器大小亦可拾紙蓋覆器口安硎(若耕反)泉冷水中使冷氣折其出勢得三七日然後剖生養之謂為愛珍

亦呼愛子績成繭出蛾卵卵七日又剖成蠶多養之此則愛蠶也藏卵時勿令見人應用二七赤豆安器底臘月桑柴二七枚以麻卵紙當令水高下與種相齊若外水高則卵死不復出若外水下卵則冷氣少不能折其出勢不能折其出勢則不得三七日不得三七日雖出不成也不成者謂徒績成繭出蛾生卵七日不復剖生至明年方生耳欲得陰樹下亦有泥器三七日亦有成者

雜五行書曰二月上壬取土泥屋四角宜蠶吉案今世有三卧一生蠶四卧再生蠶白頭蠶頡石蠶楚蠶黑蠶有一生再生之異灰兒蠶秋母蠶秋中蠶老秋兒蠶秋末老獬兒蠶錦兒蠶同繭蠶或二蠶三蠶共為一繭凡三卧四卧皆有絲綿之別凡蠶從小與大者乃至大入簇得飼荆魯二桑小食荆桑中與魯桑荆有裂腹之患也

楊泉物理論曰使人之養民如蠶母之養蠶其用豈徒絲而已哉

五行書曰欲知蠶善惡常以三月三日天陰如無日不見雨蠶大善又法埋馬牙齒於槌下令宜蠶

龍魚河圖曰埋蠶沙於宅亥地大富得蠶絲吉利以一斛二斗甲子日鎮宅大吉致財千萬

養蠶法收取種繭必取居簇中者（近上則絲薄近下則子不生也）泥屋用福德利上土屋欲四面開牕紙糊厚為籬屋內四角著火（火若在一處則冷熱不均）初生以毛掃（用荻掃則傷蠶）調火令冷熱得所（熱則焦燥冷則長遲）比至在眠常須三箔中箔上安蠶上下空置（下箔障土氣上箔防塵埃）小時採福德上桑著懷中令煖然後切之（蠶小不可見露氣得人體則衆惡除）每飼蠶卷窻幃飼訖還下（蠶見明則食食

多則生長老時值雨者則壞繭宜於屋裏簇之薄布薪於箔上散蠶訖又薄以薪覆之一槌得安十箔又法以大蓬蒿為薪散蠶令遍懸之於棟梁椽柱或垂繩鉤弋鶚爪龍牙上下數重所在皆得懸訖薪下微生炭以煖之得煖則作速傷寒則作遲數入候者熱則去火蓬蒿疎涼無鬱浥之憂死蠶旋墜無污繭之患沙葉不住無瘢痕之疵鬱浥則難繰繭污則絲散瘢痕則無用蓬蒿簇亦良其外簇者晚遇天寒則全不作繭用闕易練而絲朋日曝死者雖白而薄脆縑練長衣著幾將倍矣甚者虛實失歲功堅脆懸絕資生要理安可不知之哉

崔寔曰三月清明節令蠶妾治蠶室塗隙穴具槌持箔籠

龍魚河圖曰冬以臘月鼠斷尾正月旦日未出時家長斬鼠著屋中祝云付勑屋吏制斷鼠蟲三時言功鼠不敢行

雜五行書曰取亭部地中土塗竈水火盜賊不經塗屋四角鼠不食蠶塗倉簞鼠不食稻以塞坎百日鼠絶種

淮南萬畢術曰狐目狸腦鼠去其穴注曰取狐兩目狸腦大如狐目三枚擣之三千杵塗鼠穴則鼠去矣

種榆白楊第四十六

爾雅曰榆白枌注曰枌榆先生葉卻著莢皮色白廣志曰有姑榆有朗榆案今世有刺榆木甚牢肕可以為犢車材梜榆可以為車轂及器物山榆人可以為蕪荑凡種者直種刺梜兩種利者為多其餘軟弱例非佳好之木也

榆性扇地其陰下五穀不植（隨其高下廣狹東西北三方所扇各與樹等）種者宜於園地北畔秋耕令熟至春榆莢落時收取漫散犁細畊勞之明年正月初附地芟殺以草覆上放火燒之（一根上必十數條俱生止留一根強者餘悉掐去之）一歲之中長八九尺矣（不燒則長遲矣）後年正月二月移栽之（初生即移者喜曲故須叢林長之三年乃移種）初

生三年不用採葉尤忌採心採心則科茹太長更須依法燒之則依前茂矣不用剶沐剶者長而細又多瘢痕不剶則短麄而無病諺曰不剶沐十年成轂言易麄也必欲剶者宜留二寸於壍坑中種者以陳屋草布壍中散榆荚於草上以土覆之燒亦如法陳草還似肥良勝糞無陳草者用糞糞之亦佳不糞雖生而瘦既栽移者燒亦如法也又種榆法其於地畔種者致摧損谷既非叢林率多曲戾不如割地一方種之其田土薄地不宜五穀者唯宜榆及白地須近市賣柴荚葉省功也梜榆刺榆凡榆三種色別種之勿令和雜梜榆荚葉味苦凡榆荚味甘甘者春時將煑賣是須別也種

地收莢一如前法先畊地作壠然後散榆莢壠者看好料理又易五寸一莢稀概得中散訖勞之榆生共草俱長未須料理明年正月附地芟殺放火燒之亦任生長勿使長止兩反近又至明年正月劚去惡者其一株止有七八根生者悉皆砍去唯留一根麤直好者三年春可將莢葉賣之五年之後便堪作椽不挾者即可砍賣一根十文挾者鏇作獨樂及盞一箇三文十年之後魁椀瓶榼器皿無所不任一椀七文一魁二十瓶榼器皿一百文也十五年後中為車轂及蒲桃瓨瓨一口值二百車轂一具

（值絹三匹）其歲歲科簡剝治之功指柴雇人十束雇一人無業之人爭來就作賣柴之利已自無貲（歲出萬束一束三文則三十貫荚葉在外也）況諸器物其利十倍（於柴十倍歲收三十萬）砍後復生不勞耕種所謂一勞永逸能種一頃歲收千匹唯須一人守護指揮處分既無牛耕種子人功之費不慮水旱風蟲之災比之穀田勞逸萬倍男女初生各與小樹二十株比至嫁娶悉任車轂一樹三具一具值絹三匹成絹一百八十匹聘財資遣粗得充事

術曰北方種榆九根宜蠶桑田穀好

崔寔曰二月榆莢成及青收乾以為旨蓄旨美也蓄積也司部收青小蒸曝之至冬以釀酒滑香宜養老詩云我有旨蓄亦以御冬也色變白將落可作䤖𨡕隨節早晏勿失其適䤖音牟𨡕音頭榆醬

白楊一名高飛一名獨搖性甚勁直堪為屋材折則折矣終不曲撓奴孝切榆性軟久無不曲比之白楊不如遠矣直木性多曲次之捐為下也

種白楊法秋耕令熟至正月二月中以犁作壟一壟之中以犁逆順各一到塲中寬狹正似作葱壟作訖又以

鍬掘底一坑作小塹所取白楊枝大如指長三尺者屈著壟中以土壓上令兩頭出土向上直竪二尺一株明年正月中剶去惡枝一畆三壟一壟七百二十株一株兩根一畆四千三百二十株三年中為蠶擿都格反五年任為屋椽十年堪為棟梁以蠶擿為率一根五錢一畆歲收二萬一千六百文柴又作梁掃除在外歲種三千畆三年九千畆一年賣三十畆得錢六十四萬八千文周而復始永世無窮比之農夫勞逸萬倍去山遠者實宜多種千

根以上所求必備

種棠第四十七

爾雅曰杜甘棠郭璞注曰今之杜梨詩曰蔽芾甘棠毛云甘棠杜也詩義疏云今甘棠梨一名杜梨如梨而小味酢可食也唐詩曰有杕之杜毛云杜即棠也與白棠同但有赤白美惡子赤白色者為白棠甘棠也酢滑而美赤棠子澁而酢無味俗語云澁如杜赤棠木理赤可作弓幹案今棠葉有中染絳者有惟中染土紫者杜則全不用其實三種則其爾雅毛郭以為同未詳也

棠熟時收種之否則春月移栽八月初天晴時摘葉薄布曬令乾可以染絳必候天晴時少摘葉乾之復眼則摘慎勿頓收若遇陰雨則浥浥不

堪染絳也成樹之後歲收絹一疋亦可多種利乃勝桑也

種穀楮第四十八

說文曰穀者楮也案今世人有名之曰角楮非也蓋角穀聲相近因訛耳其皮可以為紙者也

楮宜澗谷間種之地欲極良秋上楮子熟時多收淨淘曝令燥耕地令熟二月耧耩之和麻子漫散之即勞秋冬仍留麻勿刈為楮作煖若不和麻子種卒多凍死明年正月初附地芟殺放火燒之一歲即沒人不燒者瘦而長亦遲三年便中斫未滿三年者皮薄不任用斫法十二月為上四月次之非此兩月而斫者則冬枯死也

每歲正月常放火燒自有乾在地足得火然不燒則不滋茂也二月中間斫去惡根斸者地熟楮科亦以留潤澤也移栽者二月蒔之亦三年一斫三年不斫者徒失錢無益也指地賣者省功而利少煮剝賣皮者雖勞而大其柴足以供然自能造紙其利又多種三十畝者歲斫十畝三年一徧歲收絹百匹

種漆第四十九

凡漆器不問真偽送客之後皆須以水淨洗置牀薄上於日中半日許曝之使乾下晡乃收則堅牢耐久若不

即洗者鹽醋浸潤氣徹則皺器便壞矣其朱裏者仰而曝之朱本和油性潤耐日故盛夏連雨土氣蒸熱什器之屬雖不經夏用六七月中各須一曝使乾世人見漆器暫在日中恐其炙壞合著陰潤之地雖欲愛慎朽敗更速矣

凡木畫服翫箱椀之屬入五月盡七月九月終每經雨以布纓指揩令熱徹膠不動作光淨耐久若不揩拭者地氣蒸熱徧上生衣厚潤徹膠便皺動處起發颯然破矣

種槐柳楸梓梧柞第五十

爾雅曰守宮槐葉晝聶宵炕注曰槐葉晝日聶合而夜炕布者名守宮孫炎曰炕張也

槐子熟時多收擘取數曝勿令蟲生五月夏至前十餘日以水浸之（如浸麻子法也）六七日當芽生好雨種麻時和麻子撒之當年之中即與麻齊麻熟刈去獨留槐槐既細長不能自立根別樹木以繩欄之（冬天多風雨繩欄宜以茅裹不則傷皮成痕瘢也）明年斸地令熟還於下種麻（胥槐令長）三年正月移而植之亭亭條直千百若一（所謂蓬生麻中不扶自直）若隨宜取栽匪直長遲樹亦曲惡（宜於園中割地種之若園好未移之間妨廢耕墾也）

種柳正月二月中取弱柳枝大如臂長一尺半燒下頭二三寸埋之令没常足水以澆之必數條俱生留一根茂者（餘皆斫去）別豎一柱以為衣主每一尺以長繩柱欄之（若不欄必為風所摧不能自立）一年中即高一丈餘其旁生枝葉即掐去令直聳上高下人任取足便掐去正心即四散下垂婀娜可愛（若不掐心則枝不四散或斜或曲生亦不佳也）六七月中取春生少枝種則長倍疾（少枝葉青炁壯故長疾也）

楊柳下田停水之處不得五穀者可以種柳八九月中

水盡燥濕得所時急耕則钃棲之至明年四月又耕熟勿令有塊即作場壟一畝三壟一壟之中逆順各一到場中寬狹正似葱壟從五月初盡七月末每天雨時即觸雨折取春生少枝長疾三歲成椽比於餘木雖微脆亦足堪事一畝二千六百六十根三十畝六萬四千八百根根直八錢合收錢五十一萬八千四百文百樹得柴一載合柴六百四十八載直錢一百文柴合收錢六萬四千八八百文都合收錢五十八萬三千二百文歲種

三十畝三年種九十畝歲賣三十畝終歲無窮

憑柳可以為楯車輞雜材及梡

術曰正月旦取楊柳枝著戶上百鬼不入家

種箕柳法山澗河旁及下田不得五穀之處水盡乾時熟耕數遍至春凍釋於山陂河坎之旁刈取箕柳三寸絶之漫散即勞勞訖引水停之至秋任為簸箕五條一錢一畝歲收萬錢山柳赤而脆河柳白而肕

陶朱公術曰種柳千樹則足柴十年以後髡一樹得一

載歲髡二百樹五年一週

楸梓詩義疏曰楸梓之疏理色白而生子者為梓說文曰檟楸也然則楸梓二木相類者也白色有角者名為梓似楸有角者名為角楸或名子根黃色無子者為柳楸世人見其色黃呼為荊黃根也亦宜割地一方種之梓楸各別無令和雜

種梓法秋耕地令熟秋末冬初梓角熟時摘取曝乾打取子耕地作壟漫散即再勞之明年春生有草拔令去勿使荒沒後年正月間斸移之方步兩步一樹此樹須大不得概栽即無子可於大樹四面掘坑取栽移之一方兩步一

根兩畝一行一行百一十株五行合六百株十年後一樹千錢柴在外車板盤合樂器所在任用以為棺材勝於

松柏

術曰西方種楸九根延年百病除

雜五行書曰舍西種梓楸各五根子孫孝順口舌消滅也

梧桐爾雅曰榮桐木注云即梧桐也又曰櫬梧注云今梧桐皮青者曰梧桐案今人以其皮青號曰青桐也

青桐九月收子二三月中作一步圓畦種之方大則難裹所以須圓小治畦下水一如葵法五寸下一子少與熟糞和土覆

之生後數澆令潤澤此木宜濕故也當歲即高一丈至冬豎草於樹間令滿外復以草圍之以葛十道束置不然則凍死也明年三月中移植於廳齋之前華淨妍雅極為可愛後年冬不須復裹成樹之後剩下子一石子於葉上生多者五六少者二三也妙食甚美子似菱芡多噉亦無妨也白桐無子冬結似子者乃是明年之花房亦遶大樹掘坑取栽移之成樹之後任為樂器青桐則不中用於山石之間生者樂器則鳴青白二桐並堪車板盤合屧等用作爾雅云桐闕注云柞樹闕入呼杍為櫬子以櫬榖為杍十以剩剩似闕故也櫬子偸歲可食

以為飯豐年收豬食之可以致肥也宜於山阜之曲三徧熟耕漫散橡闕即再勞之生則薅治常令淨潔一定不移闕年中椽可雜用一根值十文二十歲中屋樽一根值百錢柴在外斫去尋生料理還復凡為家具者前件木皆所宜種十歲之後無求不給

種竹第五十一

中國所生不過淡苦二種其名目奇異者列之於後條也宜高平之地近山阜尤是所宜下田得水則死黃白軟土為良正月二月中斸取西南引根并莖芟去葉於園內東北角種之令坑深二尺許覆土厚五

寸竹性愛向西南引故園東北角種之數歲之後自當滿園諺云東家種竹西家治地為滋蔓而來生也其居東北角者老竹種不生亦不能滋茂故須取西南引少根也稻麥糠糞之二糠各自堪糞不令和雜不用水澆澆則淹死勿令六畜入園二月食淡竹笋四月五月食苦竹笋蒸煑魚酢在人所好其欲作器者經年乃堪殺未經年者軟未成也

筍爾雅曰笋竹萌說文曰笋竹胎也孫炎曰初生竹謂之笋詩義疏云筍皆四月生唯巴竹笋八月生盡九月成都有之篃冬夏生始數寸可煑以苦酒浸之可下酒及食又可米藏及乾以待冬月也

永嘉記曰含篃竹笋六月生迄九月味與箭竹笋相似

凡諸竹筍十一月掘土取皆得長八九寸長澤民家盡養黄苦竹永寧南漢更年上筍大者一圍五六寸明年應上今年十一月筍土中已生但未出須掘土取可至明年正月出土訖五月方過六月便有含籜筍含籜筍迄七月八月九月已有箭竹筍迄後年四月竟年常有筍不絕也

竹譜曰棘竹筍味淡落人鬚髮笙節出筍無味雞頭竹筍肥美篃竹筍冬生者也

食經曰淡竹筍法取筍肉五六寸者按鹽中一宿出鹽令盡熬糜一斗分五升與一升鹽相和糜熱須

令冷内竹笋醎𪎭中一日拭之内淡𪎭中五日可食也

種紅花藍花梔子第五十二

燕支香手藥紫澤面脂粉白粉附

花地欲得良熟二月末三月初種也種法欲雨後速下或漫散種或耬下一如種麻法亦有鋤掊而掩種者子料大而易移埋花出欲日日乘涼摘取不摘則乾摘必須盡餘留即合五月子熟拔曝令乾打取之子亦不甲五月種晚花春初即留子入五月使種若待新花熟後取子則大晚矣七月中摘深色鮮明耐久不黦勝春種者負郭良田種頃者歲收絹三百匹一頃收子二百斛與麻子

同價既任車脂亦堪為燭即是直頭成米二百石米已當穀田三百疋絹端然在外一頃收花日須百人摘以一家手力十不充一但駕車地頭每旦當有小兒僮女百十餘羣自來分摘正須平量中半分取是以單夫隻妻亦得多種

殺花法摘取即碓持使熟以水淘布袋絞去黃汁更擣以粟飯漿清而醋者淘之又以布袋絞汁即收取染紅勿弃也絞訖著甕器中以布蓋上雞鳴更擣以粟令均於蓆上攤而曝乾勝作餅作餅者不得乾令花浥鬱也

作燕脂法預燒落藜藜藋及蒿作灰無者即草灰亦得以湯淋

取清汁初汁純厚太釅即放花不中用惟可洗衣取第三度湯者以用染花和使好色也挼花
十許變勢盡乃生布袋絞取純汁著甕椀中取酸石榴兩三箇
擘取子擣破少著粟飯漿水極酸者和之布絞取瀋以
和花汁若無石榴者以好醋和飯漿亦得若復無醋者清飯漿極酸者亦得空用之下白米
粉大如酸棗粉多則白以淨竹著不膩者良久痛攪蓋冒至
夜瀉去上清汁至淳處止傾著白練角袋子中懸之明
日乾浥浥時捻作小瓣如半麻子陰乾之則成矣
合香澤法如清酒以浸香夏用冷酒春秋溫酒令煖冬則小熱雞舌香俗人

以其似丁子故為丁子香也藿香苜蓿蘭香凡四種以新緜裹而浸之夏一宿春秋再宿冬三宿用胡麻油兩分猪脂一分内銅鐺中即以浸香酒和之煎數沸後便緩火微煎然後下所浸香煎緩火至暮水盡沸定乃熟以火頭内澤中作聲者水未盡有煙出無聲者水盡也澤欲熟時下少許青蒿以發色緜羃鐺觜瓶口瀉

合面脂法牛髓牛髓少者用牛脂和之若無髓空用脂亦得也温酒浸丁香藿香二種浸法如煎澤法煎法一同合澤亦著青蒿以發色緜濾著瓷漆盞中令凝若作脣脂者以熟朱和之青油裹之

其冒霜雪遠行者常齧蒜令破以揩脣既不劈裂又令辟惡賊（面患皴者夜燒梨令熟以糠湯洗面訖以煖梨汁塗之令不皴亦連染布嚼以塗面亦不皴也）

合手藥法取豬䐈一具（摘去其脂）合蒿葉於好酒中痛挼使汁甚滑白桃人二七枚（去黃皮研碎酒解取其汁）以綿裹丁香藿香甘松香橘核十顆（打碎）著䐈汁中仍浸置勿出甆貯之夜煑細糠湯淨洗面拭乾以藥塗之令手軟滑冬不皴

作紫粉法用白米英粉三分胡粉一分（不著胡粉不著人面）和合均調取葵子熟蒸生布絞汁和粉日曝令乾若色淺者

更蒸取汁重染如前法

作米粉法染米第一粟米第二如用一色純第米勿使有雜白使甚細簡去碎者各自純作莫雜餘種其雜米糯米小麥黍米穄米作者不得好也於槽中下水脚蹋十徧淨淘水清乃止大甕中多著冷水以浸米春秋則一月夏則二十日冬則六十日唯多日佳不須易水臭爛乃佳日若淺者粉不潤矣日滿更汲新水就甕中沃之以手把攪淘去醋氣多與徧數氣盡乃止稍出著一砂盆中熟研以水沃攪之接取白汁絹袋濾著別甕中麤沉者更研之水沃

接取如初研盡以杷子就甕中良久痛抨然後澄之接去清水貯出淳汁著大盆中以板一向攪勿左右迴轉三百餘匝停置蓋甕勿令塵污良久清澄以杓徐徐去清以三重布帖粉上以粟糠著布上糠上安灰灰濕更以乾者易之灰不復濕乃止然後削去四畔麤白無光潤者別收之以供麤用（麤粉米皮所成故無光潤）其中心圓如鉢形酷似鴨子白光潤者名曰粉英（英粉米心所成是以光潤也）無風塵好日時書布於牀上刀削粉英如曝之乃至粉乾足（將任

反手痛挼勿住痛挼則滑美不挼則澁惡擬人客作餅及作香粉以供粧摩身體

作香粉法唯多著丁香於粉合中自然芬馥亦有受香木顈和粉者亦有水沒香以香汁溲粉者皆損色又賣香不如全署合中也

種藍第五十三

爾雅曰葴馬藍注曰今大葉冬藍也廣志曰有木藍今世有芺赭藍也藍地欲得良三徧細耕三月中浸子令芽生乃畦種之治畦下水一同葵法藍三葉澆之晨夜再澆之薅治令淨五月中新雨後即挼

濕耬耩拔栽夏小正曰五月浴雚藍蓼三莖作一科相去八寸栽時溉濕向背不急鋤堅確也五徧為良七月中作坑令受百許束作麥稈泥泥之令深五寸以苫蔽四壁刈藍倒豎於坑中下水以木石鎮壓令沒熱時一宿冷時再宿漉去荄內汁於甕中率十石甕著石灰一斗五升急抨普彭反之一食頃止澄清瀉去水別作小坑貯藍澱著坑中候如強粥還出甕中盛之藍澱成矣種藍十畝敵穀田一頃能自染青者其利又倍矣

崔寔曰榆莢落時可種藍五月可刈藍六月種冬藍冬藍木藍也八月用染也

種紫草第五十四

爾雅曰藐茈草注一名紫莨廣志曰隴西紫草紫之上者本草經曰一名紫丹博物志曰平氏山之陽紫草特好也

黄白軟良之地青沙地亦善開荒黍穄下大佳性不耐水必須高田秋耕地至春又轉耕之三月種之耬耩地逐壟手下子良田一畝用子二升薄田用子三升下訖勞之鋤如穀法唯淨唯佳其壟底草則拔之壟底用鋤則傷紫草九月中子熟刈

之候稃（芳蒲反）燥載聚打取子（濕載子則鬱浥）即深細耕（不細不深則失草矣）尋壟以杷摟取整理（收草宜餅手户速竟為良遭雨則損草也）一把隨以茅結之（擘葛彌善）四把為一頭當日則斬齊顛倒十重許為長行置堅平之地以板石鎮之令扁（濕鎮直而長燥鎮則碎折不鎮賣難售也）兩三宿豎頭著日中曝之令浥浥然（不曝則鬱黑大燥則碎折）五十頭作一洪（洪十字大頭向外以葛纏絡）著敞屋下陰涼處棚棧上其棚下勿使驢馬糞及人溺又忌烟皆令草失色其利勝藍若欲久停者入五月內著屋中閉户塞向密泥勿

使風入漏氣過立秋然後開草出色不異若經夏在棚棧上草便變黑不復任用

伐木第五十五 種地黄法附

凡伐木四月七月則不蟲而堅肕榆莢下桑椹落亦其時也然則凡木有子實者候其子實將熟皆其時也非時者蟲具且脆也凡非時之木水漚一月或火熇取乾蟲則不生水浸之木皆亦柔肕

周官曰仲冬斬陽木仲夏斬陰木鄭司農云陽木春夏生者陰木秋冬生者

松柏之屬鄭玄曰陽木生山南者陰木生山北者冬則斬陽夏則斬陰調堅也軟案北之性不生蟲蠹四時皆得無所選焉山中雜木自非七月四月兩時殺者率多生蟲無山南山北之異鄭君之說又無取則周官伐木蓋以順天道調陰陽未必為堅肕之異蟲蠹者也

禮記月令孟春之月禁止伐木鄭玄注云為盛德所在也孟夏之月無伐大樹逆時氣也季夏之月樹木方盛乃命虞人入山行木為斬伐為其未堅肕也季秋之月草木黃落乃伐薪為炭仲冬之月日短至則伐木取竹箭此其堅肕成之極時也

孟子曰斧斤以時入山林材木不可勝用也趙岐注曰時謂草木

（零落之時使材木得茂暢故有餘也）

淮南子曰草木未落斧斤不入山林（九月草木解也）

崔寔曰自正月以終季夏不可伐木必生蠹蟲或曰其月無壬子日以上旬伐之雖春夏不蠹猶有剖析間解之害又犯時令非急無伐十一月伐竹木

種地黄法須黑良田五徧細耕三月以上旬為上時中旬為中時下旬為下時一畝下種五石其種還用三月中掘取者逐犁後如禾麥法下之至四月末五月初生

苗訖至八月盡九月初根成中染若須留爲種者即在
地中勿掘之待來年三月取之爲種計一畝可收根三
十石有草鋤不限徧數鋤時别作小刃鋤勿使細土覆
心令秋收訖至來年更不須種自旅生也唯鋤之如此
得四年不要種之皆餘根自出矣

齊民要術卷五

欽定四庫全書

齊民要術卷六

後魏 賈思勰 撰

服牛乘馬量其力能寒溫飲飼適其天性如不肥充繁息者未之有也金日磾降兵之煨燼卜式編户齊民以羊馬之肥位登宰相公孫弘梁伯鸞牧家者或位極人臣身名俱泰或身高天下萬載不磨甯戚以飯牛見知馬稷牧養發迹莫不由近及遠從微至著嗚呼小子何可忽乎故小童曰羊去亂羣馬去害牧卜式曰非獨羊也治民亦如是以時起居惡者輒去無令敗羣也

諺曰羸牛劣馬寒食下言其乏食瘦瘠春中必死務在充飽調適而

已

陶朱公曰子欲速富當畜五牸牛馬猪羊驢五畜之牸然畜牸則速富之術也

禮記月令曰季春之月合累牛騰馬遊牝于牧累騰皆乘匹之名是月所以合牛馬仲夏之月遊牝別羣則縶騰駒孕任欲止為其牝氣有餘恐相蹄齧也仲冬之月牛馬畜獸有放逸者取之不詰王居明堂禮曰冬命農畢積聚繼放牛馬

凡驢馬駒初生忌灰氣遇新出爐者輒死經雨者則不忌

馬頭為王欲得方目為丞相欲得光脊為將軍欲得強

腹脇為城郭欲得張四下為令欲得長

凡相馬之法先除三羸五駑乃相其餘大頭小頸一羸弱脊大腹二羸小頸大蹄三羸大頭緩耳一駑長頸不折二駑短上長下三駑大髂（括賈切）短脅四駑淺髖薄騧五駑

騮馬驪肩鹿毛（闕） 馬騨駱馬皆善馬也

馬生墮地無毛行千里溺舉一脚行五百里

相馬不藏法肝欲得小耳小則肝小肝小識人意肺欲

得大鼻大則肺大肺大則能奔心欲得大目大則心大心大則猛利不驚目四滿則朝暮健腎欲得小腸欲得厚且長腸厚則腹下廣方而平脾欲得小膁腹小則脾小脾小則易養望之大就之小筋馬也望之小就之大肉馬也皆可乘致致瘦欲得見其肉（謂前肩守肉）致肥欲得見其骨（骨謂頭顱）馬龍顱突目平脊大腹脞重有肉此三事備者亦千里馬也水火欲得分（水火在鼻兩孔閒也）上唇欲急而方口中欲得紅而有光此馬千里馬上齒欲鉤鉤則壽

下齒欲鋸鋸則怒頷下欲深下唇欲緩牙欲去齒一寸則四百里牙劒鋒則千里嗣骨欲廉如織杼而潤又欲長 頰下側入骨是 目欲蒲而澤眶欲小上欲弓曲下欲直素中欲廉而張 素鼻孔上 陰中欲得平 股下 主人欲小 股腹上近前也 陽裏欲高則怒 股中上之主人 額欲方而平入肉欲大而明 耳下 玄中欲深 耳下近牙 耳欲小而銳如削筒相去欲促鬛欲戴中骨高二寸 鬛中骨也 易骨欲直 眼下直下骨也 頰欲開赤長膺下欲廣一尺以上名曰挾 一作扶 尺能久走鞅欲方 頰前 喉欲曲而

深胷欲直而出（髀間前向）鳧間欲開望視之如雙鳧頸骨欲大肉次之髻欲桎而厚且折季毛欲長多覆肝肺無病（髮後毛是）背欲短而方脊欲大而抗胸筋欲大（夾脊筋也）飛鳧見者怒（胷欲筋也）三府欲齊（兩髂及中骨也）尻欲頹而方尾欲減本欲大脅肋欲大而窪名曰上渠能久走龍翅欲廣而長升肉欲大而明（髀外肉也）輔肉欲大而明（前腳下肉）腸欲充腔小（腔膁）季肋欲張（短肋）懸薄欲厚而緩（腳腔）虎口欲開（股肉）腹下欲平滿善走名曰下渠日三百里陽肉欲上而高起（髀外近前）髀

欲廣厚汗溝欲深明直肉欲方能久走（髀後肉也）輸（一作翰）鼠欲方（直肉下也）胸肉欲急（髀裏也）間筋欲急短而減善細走（輸鼠下筋）機骨欲舉上曲如懸匡馬頭欲高距骨欲出前間骨欲出前後曰（外皃臨蹄骨也）附蟬欲大前後目（夜眼）股欲薄而博善能走（後髀前骨）臂欲長而膝本欲起有力（前脚膝上句前）肘後欲開能走膝欲方而庳髀骨欲短兩肩骨欲深名曰前渠怒蹄欲厚三寸硬如石下欲深而明其後開如鷂翼能久走

相馬從頭始頭欲得高峻如削成頭欲重宜少肉如剝兔頭壽骨欲得大如緜絮苞圭石壽骨者髮所生處也白從額上入口名俞膺一名的顱奴乘客死主乘棄市大兇馬也馬眼欲得高眶欲得端正骨欲得成三角睛欲得如懸鈴紫艷光目不四滿下唇急不愛人又淺不健食目中縷貫瞳子者五百里下上徹者千里睫亂者傷人目下而多白畏驚瞳子前後肉不滿皆兇惡若旋毛眼眶上壽四十年值眶骨中三十年值中眶下十八年在目下

者不借睛却轉後白不見者喜旋而不前目睛欲得黄
目欲大而光目皮欲得厚目上白中有横筋五百里上
下徹者千里目中白縷者老馬子目赤睫亂齧人反睫
者善奔傷人目下有横毛不利人目有火字在者壽四
十年目偏長一寸三百里目欲長大旋毛在目下名曰
承泣不利人目中五采盡具五百里壽九十年良多赤
血氣也鶩多青肝氣也走多黄腸氣也材知多白骨氣
也材多黑腎氣也駑用策乃使說也白馬黑目不利人

目多白却視有態畏物喜驚

馬耳欲得相近而前竪小而厚一寸三百里三寸千里

耳欲得小而前竦耳欲得短殺者良植者駑小而長者

亦駑耳欲得小而促狀如斬竹筒耳方者千里如斬竹

筒七百里如雞距者五百里

鼻孔欲得大鼻頭文如王火字欲得明鼻上文如王公

五十歲如火四十歲如天三十歲如小一十歲如今十

八歲如四八歲如宅七歲鼻如水文二十歲鼻欲得廣

而方
脣不覆齒少食上脣欲得急下脣欲得緩上脣欲得方
下脣欲得厚而多理故曰脣如板鞮御者啼黃馬白喙
不利人
口中色欲得紅白如火光為善材多氣良且壽即黑不
鮮明上盤不通明為惡材少氣不壽一曰相馬氣發口
中欲見紅白色如穴中看此皆老壽一曰口中欲正赤
上理文欲使通直勿令斷錯口中青者三十歲如虹腹

下皆不盡壽駒齒死矣口吻欲得長口中色欲得鮮好旋毛在物後為御禍不利人刺芻欲竟骨端刺芻者齒間肉齒左右蹉不相當難御齒不周密不久疾不滿不原不能久走一歲上下生乳齒各二二歲上下生齒各四三歲上下生齒各六四歲上下生成齒二成齒皆背三入四方生也五歲上下著成齒四六歲上下著成齒六兩廂黃生區受麻子也七歲齒兩邊黃各缺區平受米八歲上下盡區如一受麥九歲下中央兩齒臼受米十歲下中央四齒臼十一歲

下六齒盡臼十二歲下中央兩齒平十三歲下中央四齒平十四歲下中央六齒平十五歲上中央兩齒臼十六歲上中央四齒臼（若看上齒依下齒次第者）十七歲上中央六齒皆臼十八歲上中央兩齒平十九歲上中央四齒平二十歲上中央六齒平二十一歲下中央兩齒黃二十二歲下中央四齒黃二十三歲下中央六齒盡黃二十四歲上中央二齒黃二十五歲上中央四齒黃二十六歲上中央六齒盡黃二十七歲下中二齒白二十八歲下

中四齒白二十九歲下中盡白三十歲上中央二齒白三十一歲上中央四齒白三十二歲上中盡白頸欲得腿而長頸欲得重頷欲折胸欲出臆欲廣頸項欲厚而強迴毛在頸不利人白馬黑毛不利人肩肉欲寧（寧者却也）雙鳧欲大而上（雙鳧胷兩遂肉如鳧）脊欲得平而廣能負重背欲得平而方鞍下有迴毛名負尸不利人

從後數其脇肋得十者良凡馬十一者二百里十二者千里過十三者天馬萬乃有一耳一云十三肋五百里十五肋千里也

腋下有迴毛名曰挾尸不利人

左脇有白毛直下名曰帶刀不利人

腹下欲平有八字腹下毛欲前向腹欲大而垂結脉欲多大道筋欲大而直大道筋從腸下抵股者是

腹下陰前兩邉生逆毛入腸帶者行千里一尺者五百里

三封欲得齊如一三封者即尻上三骨也

尾骨欲高而垂尾本欲大尾下欲無尾

汗溝欲得深

尻欲多肉莖欲得麤大

蹄欲得厚而大

踠欲得細而促

髂骨欲得大而長

尾本欲大而張

膝骨欲圓而長大如杯盂

溝上通尾本者蹹殺人

馬有雙腳脛亭行六百里迴毛起踠膝是也

髀欲得圓而厚裏肉生焉

後腳欲曲而立

臂欲大而短

骸欲小而長

腕欲促而大其間纔容靽

烏頭欲高（烏頭後足外節）

後足輔骨欲大（輔足骨者後足骸之後骨）

後左右足白不利人

白馬四足黑不利人

黃馬白喙不利人

後左右足白殺婦

相馬視其四蹄後兩足白老馬子前兩足白駒馬子白毛者老馬也

四蹄欲厚且大四蹄顛倒若竪履奴乘客死主乘棄市不可畜

久步即生筋勞筋勞則發蹄痛凌氣一曰生骨則發癰腫一曰發蹄生癰也

久立則發骨勞骨勞即發癰腫

久汗不乾則生皮勞皮勞者驏而不振

汗未乾燥而飼飲之則生氣勞氣勞者即驏而不起

驅馳無節則生血勞血勞則發强行

何以察五勞終日驅馳舍而視之不驏者筋勞也驏而

不時起者骨勞也起而不振者皮勞也振而不噴者氣勞也噴而不溺者血勞也筋勞者兩絆却行三十步而已一曰筋勞者驟起而絆之徐行三十里而已骨勞者令人牽之起從後笞之起而已皮勞者夾脊摩之熱而已氣勞者緩繫之櫪上遠餧草噴而已血勞者高繫無飲食之大溺而已飲食之節食有三芻飲有三時何謂也一曰惡芻二曰中芻三曰善芻善謂飢時與惡芻飽時與善芻引之令食食常飽則無不肥剉草粗雖是豆穀亦不肥充細剉無節簁而食之者令馬肥不啌苦江自然好矣何謂三時一曰朝飲少之

二曰晝飲則胷臍水三曰暮極飲之一曰夏汗冬寒皆當節飲諺曰旦起騎穀日中騎水斯言旦飲須節水也每飲食令行驟則消水小驟數百步亦佳十日一放令其陸梁舒展令馬硬實也夏即不汗冬即不寒汗而極乾

飼父馬令不鬬法多有父馬者别作一坊多置槽廐剉芻及穀豆各自别安唯著鞴頭浪放不繫非直飲食遂性舒適自在至於黄溺自然一處不須掃除乾地眠卧不濕不汗百疋羣行亦不鬬也

飼征馬令硬實法細剉芻杴擲揚去菜專取取和穀豆秣之置槽於迥地雖復雪寒仍令安廐下一日一走令其肉熱馬則硬實而耐寒苦也

驘驢覆馬生驘則准常以馬覆驢所生騾者形容壯大彌復勝馬然選七八歲草驢骨口正大者母長則受

駒父大則子壯草驢不產產無不死養草驢常須防勿令離羣也

驢大都類馬不復別起條端

凡以豬槽飼馬以石灰泥馬槽馬汗繫著門此三事皆令馬落駒術曰常繫獮猴於馬坊令馬不畏辟惡消百病也

治牛馬病疫氣方取獺屎煑以灌之獺肉及肝彌良不能得肉肝入用屎耳

治馬患喉痺欲死方纏刀子露鋒刃一寸刺咽喉令潰破即愈不治必死也

治馬黑汗方取燥馬屎置瓦上以人頭亂髮覆之火燒馬屎及髮令煙出著馬鼻下熏之使煙入馬鼻中須臾即痊也

又方取豬脊引脂雄黄亂髮凡三物著馬鼻下燒之使煙入馬鼻中須臾即瘥

馬中熱方煑大豆及熱飯噉馬三度愈也

治馬汗凌方取美豉一升好酒一升夏著日中冬則温熱浸豉使液以手搦之絞去滓以斗灌口汗出則愈矣

治馬疥方用雄黄頭髮二物以臘月豬脂煎之髮消以塼揩疥令赤及熱塗之即愈也

又方湯洗疥拭令乾煑麪糊熱塗之即愈也

又方燒栢脂塗之良

又方研芥子塗之差六畜疥悉愈然栢瀝芥子並是燥藥其徧體患疥者宜歷落班駁以漸塗之待差更

塗餘處一日之中頓

塗徧體則無不死

治馬中水方 取鹽着兩鼻中各如雞子黃許大捉鼻令馬眼中淚出乃止良也

治馬中穀方 手捉甲上長髮向上提之令皮離肉如此數過以鈹刀子刺空中皮令突過以手當刺孔則有如風吹人手則是穀氣耳令人溺上又以鹽塗使人立乘數十步即愈耳

又方 取餳如雞子大打碎和草飼馬甚佳也

又方 取麥蘖末二升和穀飼馬亦良

治馬脚生附骨不治者入膝節令馬長跛方 取芥子熟擣如雞子黃許取巴豆三枚去皮留臍三枚亦擣熟以水和令相著和時用刀子不爾破人手當附骨上拔去毛骨外融

蜜蠟周而擁之不爾恐藥躁瘡大著蠟罷以藥傅骨上取生布割兩頭作三道急裹之骨小者一宿便盡大者不過再宿然須要數看恐骨盡便傷好處看附骨盡取冷水淨洗瘡上刮取車軸頭脂作餅子著瘡上速以淨布急裹之三四日解去即生毛而無瘢此法甚良大勝炙者然瘡未瘥不得輒乘若瘡中出血便成大病也

治馬被刺脚方 用穬麥和小兒哺塗即愈

馬炙瘡 未瘥不用令汗瘡白痂時慎風得瘥後從意騎耳

治馬瘙蹄方 以刀刺馬踠叢毛中使血出愈

又方 融羊脂塗瘡上以布裹之

又方 取鹹土兩石許以水淋取一石五斗釜中煎取三二斗剪去毛以泔清淨洗乾以鹹汁洗之三度即

愈

又方以湯洗淨燥拭之嚼[illegible]子塗之以布帛裹三度愈若不斷用穀塗五六度即愈

又方剪去毛以鹽湯淨洗去痂燥拭於破瓦中煮人尿令沸熱塗之即愈

又方以鋸子割所患蹄頭前正當中斜割之令上狹下闊如鋸齒形去之如剪箭括向深一寸許刀子摘令血出色必黑出五升許解放即差

又方先以酸泔清洗淨然後爛煮猪蹄取汁及熱洗之差

又方取炊釜底湯淨洗以布拭水令盡取黍米一升作稠粥以故布廣三四寸長七八寸以粥糊布上厚裹蹄上瘡處以散麻纏之三日去之即當差也

又方 耕地中拾取禾茇東倒西倒若巖東西橫地取南倒北倒者一壟取七科三壟凡取二十一科淨洗釜中煮取汁色黑乃止剪却毛泔淨洗去痂以禾茇汁熱塗之一上即愈

又方 尿清羊糞令液取屋四角草就上燒令灰入鉢中研令熱用泔洗蹄以糞塗之再三愈

又方 煮酸棗根取汁洗淨訖水和酒糟毛袋盛漬蹄沒瘡處數度即瘥也

又方 淨洗了擣杏仁和豬脂塗四五上即當愈

治馬大小便不通眠臥欲死須急治之不治一日即死

以脂塗人手探穀道中去結屎以鹽內溺道中須臾得溺便當瘥也

治馬卒腹脹眠臥欲死方 用冷水五升鹽三斤研鹽令消以灌口中必愈

治驢漏蹄方鑿厚磚石令容驢蹄深二寸許熱燒磚令熱赤削驢蹄令出漏孔以蹄頓著磚孔中傾鹽酒醋令沸浸之牢捉勿令脚動待磚冷然後放之即愈入水遠行悉不發

牛歧胡有壽歧胡牽兩腋亦分為三也眼去角近行駃眼欲得大眼中有白脉貫瞳子最快二軌齊者快二軌從鼻至髀為前軌甲至髂為後軌頸骨長且大快壁堂欲得闊壁堂脚股間也倚欲得如絆馬聚而正也莖欲得小膺庭欲得廣膺庭胷也天關欲得成天關脊接骨也儁骨欲得垂儁骨脊骨中夾欲得下也洞胡無壽洞胡從頭至臆也旋毛在珠淵無壽珠淵當眼下也上池有亂毛起妨主上池兩角中一曰戴

（麻也）倚脚不正有勞病角冷有病毛拳有病毛欲得短密若長踈不耐寒氣耳多長毛不耐寒熱單膂無力有生癬即決者有大勞病尿射前脚者快直下者不快亂腱者觝人後脚曲及直並是好相直尤勝進不甚直退不甚曲為下行欲得似羊行頭不用多肉臀欲方尾不用至地至地少力尾上毛少骨多者有力膝上縛肉欲得硬角欲得細横竪無在大身欲得促形欲得如卷（卷者其形側也）插頸欲得高一曰體欲得緊大膁踈肋難飼龍突目

好跳（又云不能行也）鼻如鏡鼻難牽口方易飼蘭株欲得大（蘭株尾株）豪筋欲得成就（豪筋脚後橫筋）豐岳欲得大（豐岳膝株骨也）蹄欲得豎（豎如羊角）垂星欲得有努肉（垂星蹄上有肉覆蹄謂之努肉）力柱欲得大而成（力柱常車）肋欲得密肋骨欲得大而張（張而廣也）髀骨欲得出儁骨上（出背脊骨上也）易牽則易使難牽則難使泉根不用多肉及多毛（泉根莖所出也）懸蹄欲得橫（如八字也）陰虹屬頸行千里（陰虹者有雙筋白毛骨屬勁甯公所）陽鹽欲得廣（陽鹽者夾尾株前兩膁也）當陽鹽中間脊骨欲得窜（窜則雙膂不窜則為單膂）常有似鳴者有黃

治牛疫氣方取人參一兩細切水煑取汁五六升灌口中

又方臘月兎頭燒作灰和水五六升灌之亦良

又方硃砂三指撮油脂二合清酒六合煖灌即瘥

治牛腹脹欲死方取婦人陰毛草裹與食之即愈誤治氣脹也

又方研麻子取汁溫冷微熱擘口灌之五六升許愈此治生豆腹脹垂死者大良

治牛疥方煑烏頭汁熱洗五度即瘥耳

治牛肚反及嗽方取榆白皮水煑極熱令甚滑以五升灌之即瘥也

治牛中熱方取兎腸肚勿去屎以裹草吞之不過再三即愈

治牛虱方以胡麻油塗之即愈猪脂亦得凡六畜虱脂塗悉愈

治牛病用牛膽一箇灌牛口中瘥

家政法云四月伐牛骨茇四月毒草與茇豆不殊齊俗不收所失大矣

術曰埋牛蹄著宅四角令大富

養羊第五十七

氊酥酪乾酪收驢馬駒羔犢法羊病諸方並附

當留臘月正月生羔為種者上十一月二月生者次之非此月數生者毛必焦卷骨髓細小所以然者是逢寒遇熱故也其八九十月生者雖值秋熱比至冬暮母乳已竭春草未吐是故不佳其三四月生者雖茂美而羔小未食常飲熱乳所以亦惡六七月生者兩熱相仍中

之甚其十一月及二月生者母既合重膚軀充儲草雖枯亦不羸瘦母乳適盡即得春草是以亦佳也大率十口一羝羝少則不孕羝多則亂羣不孕者必瘦瘦則匪唯不蓄息經冬或死羝無角者更佳有角者喜相觝觸腸胎所由也供厨者宜刺之刺法十餘十日用布裹齒刺碎也羊必須老人及心性宛順者起居以時調其宜適卜式云牧民何異於是者若使性急人及小兒者攔約不得必有打傷之災或勞戲不看則有狼犬之害懶不驅行無肥充之理將息失所有羔死之患也唯遠水為良二日一飲頻飲則傷水而鼻膿緩驅行勿停息息則不食而羊瘦急行則坌塵而闞顙也春夏早放秋冬晚出春夏氣軟所以宜早秋冬霜露所以宜晚養生經云春夏早起與雞俱興秋冬

晏起必待日光此其義也夏月盛暑須得陰涼若日中不避熱則塵汗相漸秋冬之間必致癬疥七月以後霜氣降後必須日出霜露晞解然後放之不爾則逢毒氣令羊口瘡腹脹也圈不厭近必須與人居相連開窻向圈所以然者羊性怯弱不能禦物狼一入圈或能絶羣架北墻為廄為屋即復熱熱則疥癬且屋處慣煖冬月入田尤不耐寒圈中作臺開竇無令停水二日一除勿使糞穢穢則污毛停水則挾蹄眠濕則腹脹也圈内須並墻竪柴柵令周匝羊不揩土毛常自淨不竪柴者羊揩墻壁上鹹相得毛皆成氊又竪柵頭出墻者虎狼不敢踰也

羊一千口者三四月中種大豆一頃雜穀并草留之不

須鋤治八九月中刈作青茭若不種豆穀者初草實成時收刈雜草薄鋪使乾勿令鬱浥豐豆胡或蓬藜荊棘為上大小豆萁次之高麗豆萁尤有所便蘆薍二種則不種凡秋刈草非直為羊然大凡悉皆倍勝崔寔曰十月七日刈芻茭既至冬寒多饒風霜或春初雨落青草未生時則須飼不宜放出

積茭之法於高燥之處豎桑棘木作兩圓柵各五六步許積茭著柵中高一丈亦無嫌任羊遶柵指食竟日通夜口常不住終冬過春無不肥充若不作柵假有千車茭擲與十口羊亦不得飽羣羊踐躡而已不得一莖入口不收茭者初冬乘秋似如有膚羊羔乳食其母

比至正月母皆瘦死羔小未能獨食水草尋亦俱死非直不滋息或滅羣斷種矣余昔有羊二百口茭豆既少無以飼一歲之中餓死過半假有在者疥瘦羸瘠與死不殊毛復淺短全無潤澤余初謂家自不宜又疑歲道疫病乃飢餓所致無他故也人家八月收穫之始多無庸假且買羊雇人所費既少所存者大傳曰三折臂始為良醫又曰亡羊治牢未為晚也世事略皆如此安可不存意哉

寒月生者須然火於其邊夜不然火必凍死也

凡初產者宜煮穀豆飼之白羊留母二三日即母子俱放白羊性很不得獨留并母久住則令乳之羖羊但留母一日寒月者內羔

子坑中日父母還乃出之坑中煖不苦風寒地熱使眠如常飽者也十五日後方喫草乃放之

白羊三月得草力毛牀動則鉸之鉸訖於河水之中淨洗羊則生白淨毛也五月毛牀將落鉸取之鉸訖更洗如前八月初胡菜子未成時又鉸之鉸了亦洗如初其八月半後鉸者勿洗白露已降寒氣侵人洗即不益胡菜子成然後鉸者匪直著毛難治又歲稍晚比至寒時毛長不足令羊瘦損漠北塞之羊則八月不鉸鉸則不耐寒中國必須鉸不鉸則毛長相著作氈難成也

作氈法春毛秋毛中半和用秋毛緊強春毛軟弱獨用大偏是以須雜三月桃花水氈第一凡作氈不

須厚大唯緊薄均調乃佳耳二年敷臥小覺垢以九月十月賣作鞾氈明年四五月出氈時更買新者此爲長存不穿敗若不數換者非直垢汙穿穴之後便無所直虛成糜費此不朽之功豈可同年而語也

令氈不生蟲法

夏月敷席下臥上則不生蟲若氈多無人臥上者預收柞柴燥薪灰入五月中羅灰徧著氈上厚五寸許卷束於風涼之處閣置蟲亦不生如其不爾無不生蟲

羝羊四月末五月初鈠之

性不耐寒早鈠寒則凍死雙生者多易爲繁息性既豐乳有酥酪之饒毛堪酒袋兼繩索之利其潤益又過白羊

作酪法

牛羊乳皆得别作和作隨人意牛產日即粉穀如糕屑多著水煑作則薄粥待冷飲牛牛若不飲者莫與水明日渴自飲牛產三日以繩絞牛項頸令徧身脈脹倒地即縛以手痛挼乳核令破以脚二七徧蹴

乳房然後解放羊產三日直以手挼痛令破不破脚蹴若不如此破核者乳脉細微攝身則閉核破脉開捋乳易得曾經破核後産者不須復治牛産五日外羊十日外羔犢得乳力强健能噉水草然後取乳之時須人斟酌三分之中當留一分以與羔犢若取乳大早及不留一分乳者羔犢瘦死三月末四月初牛羊飽草便可取酪以收其利至八月末止從九月一日後止可小小供食不得多作天氣寒枯牛羊漸瘦故也大作酪時日暮牛羊還即間羔犢別著一處凌旦早放母子別羣至日東南角噉露草飽驅歸捋之訖還放之聽羔犢隨母日暮還別如此得乳多牛羊不瘦若不牧放先捋者比覺日高則露解常食渫草無復膏潤非直漸瘦得乳亦少捋訖於鐺釜中緩火煎之火急則著底焦常以正月二月預收乾牛羊矢煎乳第一好草既灰汁柴又喜焦乾糞火輒無此二患常以杓揚乳勿令溢出時復徹底縱横直勾慎勿圓攪喜斷亦勿口吹則解四五沸便止瀉

著盆中勿便揚之待小冷掠取乳皮著别器中以為酥
屈木為棬以張生絹袋子濾熟乳著瓦瓶中卧之卧之
新瓶即直用之不燒若舊瓶已曾卧酪時輒須灰火中
燒瓶令津出迴轉燒之皆使周匝熱徹好乾待冷乃用
不燒者有潤氣則酪斷不成若日日燒瓶酪猶有斷者
作酪屋中有蛇蝦蟇故也宜燒人髮羊牛角以辟之聞
臭氣則去矣其卧酪待冷煖之節温温小煖於人體為
合宜適熱卧則酪醋傷冷則難成濾乳訖以先成甜酪
為酵大率熟乳一升用酪半匙著杓中以匙痛攪令散
瀉著熟乳中仍以杓攪使均調以氊絮之屬茹瓶令煖
良久以單布蓋之明旦酪成若去城中遠無熟酪作酵
者急揄醋飱研熟以為酵大率一斗乳下一匙酵攪令
均調亦得成其酢酪為酵者酪亦醋甜酵傷多酪亦醋
其六七月中作者卧時令如人温直置冷地不必須温
茹冬天作者卧時少令熱於
人體降於餘月茹令極熱

作乾酪法 七月八月中作之日中炙酪酪上皮成掠取更炙之又掠肥盡無皮乃止得一斗許於鐺中炒少許時即出於盤上曝浥浥時作圓大如梨許又曝使乾得經數年不壞以供遠行作粥作漿時細削著水中煑沸便有酪味亦有全擲一團著湯中嘗有酪味還漉取曝乾一徧則得五徧煑不破看勢兩漸薄乃削研用者倍矣

作漉酪法 八月中作取好淳酪生布袋盛懸之當有水出滴滴水不盡著鐺中暫炒即出於盤上日曝浥浥時作團大如梨許亦數年不壞削粥漿味勝前者炒雖味短不及生酪然不炒生虫不得過夏乾漉二酪久停皆暍氣不如年別作歲管用盡

作馬酪酵法 用驢乳汁二三升和馬乳不限多少澄酪成取下澱團曝乾後歲作酪用此為酵也

抨酥法

以夾榆木椀為杷子作杷法割去椀半上則四廂各作一圓孔大小徑寸許正底施長柄如酒杷形抨酥酥酪甜皆得所數日陳酪極大酪者亦無嫌酪多用大甕酪少用小甕置甕於日中旦起瀉酪著甕中炙直至日西南角起手抨之令杷子常至甕底一食頃作熱湯水解令得下手寫著甕中湯多少令常半酪乃抨之良久酥出下冷水多少亦於湯等更急抨之於此時杷子不須復達甕底酥已浮出故也酥既徧覆酪上更下冷水多少如前酥凝抨上大盆盛冷水著甕邊以手接酥沈手盆水中酥自浮出更掠如初酥盡乃止酥酪漿中和殘粥盆中浮酥待冷悉凝以手接取搦去水作圓著銅器中或不津瓦器亦得十日許得多少併內鐺中然牛羊矢緩火煎如香澤法當日內乳涌出如雨打水中水乳既盡聲止沸定酥便成矣冬即內著羊肚中夏盛不津器初煎乳時上有皮膜以手隨即掠取著器中寫熟乳著盆中未濾之前乳皮凝厚亦悉掠取

明日酪成若有黄皮亦悉掠取併著甕中以物痛熟研良久下湯又研亦下冷水純是好酪接取作團與大段同煎矣

羊有疥者間别之不别相染污或能合羣致死羊疥先著口者難治多死

治羊疥方 取藜蘆根㕮咀令破以泔浸之以瓶盛塞口於竈邊常令煖數日醋香便中用以磚瓦刮疥令赤若强硬痂厚者亦可以湯洗之去痂拭燥以藥汁塗之再上愈若多者日别漸漸塗之勿頓塗令徧羊皮不堪藥勢便死矣

又方 去痂如前洗燒葵根為灰煮醋澱熱塗之以灰厚傅再上愈寒時勿剪毛去即凍死矣

又方臘月猪脂加熏黄塗之即愈

羊膿鼻眼不淨者皆以中水治方以湯和鹽用杓研之極鹹塗之為佳更待冷接取清以小角受一雞子者灌兩鼻各一角非直水瘥永息天蟲五日後必飲以眼鼻淨為候不瘥更灌一如前法

羊膿鼻口頰生瘡如乾癬者名曰可妬渾迭相染易著者多死或能絶羣治之方竪長竿於圈中竿頭施横板令獮猴上居數日自然差此獸辟惡常安於圈中亦好

治羊挾蹄方取羝脂和鹽煎使熟燒熱令微赤著脂烙之著乾劑令水氾入七日自然瘥耳

凡羊經疥得差者至夏後初肥時宜賣易之不爾後年春疥發必死矣

凡驢馬牛羊收犢子駒羔法常於市上伺候見含重垂欲生者輒買取駒犢一百五十日羊羔六十日皆能自活不復藉乳乳母好堪為種產者因留之以為種惡者還賣不失本價坐嬴駒犢還更買懷子孕者一歲之中牛馬驢得兩番羊得四倍羊羔臘月正月生者留以作種餘月生者剩而賣之用二萬錢為羊本必歲收千口所留之種率皆精好與世間絕殊不可同日而語之何必羔犢之饒又嬴酪之利也羔有死者皮好作裘褥肉好作乾腊及作肉醬味又甚美

家政法云養羊法當以瓦器盛一升鹽懸羊欄中羊喜

鹽自數還啖之不勞人收

羊有病輒相汚欲令別病法當欄前作瀆深二尺廣四尺往還皆跳過者無病不能過者入瀆中行過便別之

術曰懸羊蹄著户上辟盜賊澤中放六畜不用令他人無事横截羣中過道上行即不諱

龍魚河圖曰羊有一角食之殺人

養豬第五十八

爾雅曰豕子豬䝏豶幺幼奏者豱豕三豵二師一特所寢橧四豴皆白豥其跡刻絶有力豟牝豝注云㹠也其

子曰豚一歲曰豵廣志曰豨𧲄彘豕也豭牡豕也豰艾豭也

母猪取短喙無柔毛者良喙長則牙多三牙以上則不煩畜為難肥故有柔毛者治難淨也牝者子母不同圈子母一圈魯聚不乳則不同圈牡者同圈則無嫌牡性遊蕩若非家生則喜浪矣圈不厭小圈小肥疾處不厭穢泥穢得避暑亦須小廠以避雨雪春夏中生隨時放牧糟糠之屬當日別與糟糠之屬敗不與八九十月放而不飼所有糟糠則畜待冬春初猪性甚便水生之草杷數水藻等近岸猪食之皆肥初産者宜煮闕飼之其子三日掐尾六十日後犍三日則不畏風凡死者皆尾風所致耳犍不截尾則

（前大後小揵者骨細肉多不揵者骨粗肉少如揵牛法者無風死之患）十二月子生者豚一宿蒸之（蒸法索籠盛）腦凍不合出旬便死（所以然者豚性腦少寒甚則不能自煖故須煖氣攻之）供食豚乳下者佳簡取別飼之愁其不肥共母同圈粟豆難足宜埋車輪為食場散粟豆於內小豚足食出入自由則肥速

雜五行書曰懸臘月猪羊耳著堂梁上大富

淮南萬畢術曰麻鹽肥豚豕（取麻子三升擣千餘杵煑為羹以鹽一升著中和以

三斛飼豕
則肥也

養雞第五十九

爾雅曰雞大者蜀蜀子雓未成雞健絶有力奮雞三尺為鶤郭璞注曰陽溝巨鶤古之雞名廣志曰雞有胡髯五指金骹反翅之種大者蜀小者荆自雞金骹者鳴美吴中送長鳴雞雞鳴長倍於常雞異物志曰九真長鳴雞最長聲甚好清朗鳴未必在曙時潮水夜至因之並鳴或名曰伺潮雞風俗通云俗説朱氏公化而為雞故呼雞者皆言朱公玄中記云東南有桃都山上有大桃樹名桃都枝相去三千里上有一天雞日初出光照此木天雞則鳴羣雞皆隨而鳴也

雞種取桑落時生者良形小淺毛脚細短是也守窠少聲則無雞子春夏生

者則不佳形大毛羽悅澤脚粗長者是遊蕩饒聲産乳易厭既不守巢則無緣蕃息也雞春夏雛二十日內無令出窠飼以燥飯出窠早不免烏鴟與濕飯則令臍膿也雞棲宜據地為籠內著棧雖鳴聲不朗而安穩易肥又免狐狸之患若任之樹林一遇風寒大者損瘦小者或死燃柳柴雞雛小者死大者盲此亦燒穰殺瓠之流其理難悉

養雞令速肥不杷屋不暴園不畏烏鴟狐狸法別築墻匡開小門作小廠令雞閑雨日雌雄皆斬去六翮無令得飛出常多收秕稗胡豆之類以養之亦作小槽以貯水荆藩為棲去地一尺數掃去屎鑿墻為窠亦去地一尺唯冬天著草不茹則子凍春夏秋三時則不須直置匡上任其

産伏留草則蜫蟲生雞出則著外許以罩籠之鶬鶵大還內墻匡中其供食者又別作墻匡蒸小麥飼之三七日便肥大矣

又鷇産雞子供常食法別取雌雞勿令與雄相雜其墻匡斬翅荆棲土窠一法唯多與鷇令竟冬肥盛自然鷇産矣一雞生百餘卵不雛並食之無咎餅炙所須皆宜用此

瀹雞子法打破著沸湯中浮出即掠取生熟正得即加鹽醋也

炒雞子法打破銅鐺中攪令黃白相雜細擘葱白下鹽米渾豉麻油炒之甚香矣

孟子曰雞豚狗彘之畜無失其時七十者可以食肉矣

家政法曰養雞法二月先耕一畝作田秫粥灑之刈生

芽覆上自生白蟲便買黄雌雞十隻雄一隻於地上作
屋方廣丈五於屋下懸簣令雞宿上并作雞籠懸中夏
月盛晝雞當還屋下息并於園中築作小屋覆雞得養
子烏不得就
龍魚河圖曰畜雞白頭食之病人雞有六指者亦殺人
雞有五色者亦殺人
養生論曰雞肉不可食小兒食令生蚘蟲又令消體瘦
鼠肉味甘無毒令小兒消殺除寒熱炙食之良也

養鵝鴨第六十

爾雅曰舒鴈鵝廣雅曰駕鵝野鵝也說文曰鵱鷜野鵝也晉沈充鵝賦序曰於時綠眼黃喙家家有焉太康中太倉鵝從喙至足四尺有九寸體色豐麗鳴聲驚人爾雅曰舒鳧鶩說文鶩舒鳧廣雅曰鶩鴨也野鴨雄者赤頭有短鶩生百卵或一日再生有露鶩以秋冬生頓並世蜀口

鵝鴨並一歲再伏者為種一伏者待時少三伏者冬寒雛亦多死也大率鵝三雌一雄鴨五雌一雄鵝初輩生子十餘鴨生數十後輩皆漸少矣常足五穀飼之生子多不足者生子少欲放廠屋之下作窠以防猪犬狐狸鷲恐之害多著細草於窠中令煖先刻白木為卵形

窠別著一枚以誑之（不爾不背入窠喜西浪生若獨著闕窠後有爭窠之患）生時尋即收取別作一煖處以柔細草覆之（停置窠中凍即須死）伏時大鵝一十子大鴨二十子小者減之（多則不周）數起者不任為種（數起則凍死也）其貪伏不起者須五六日一與食起之令洗浴（久不起者飢羸身冷雖伏無熱）鵝鴨皆一月雛出量雛欲出之時四五日內不用聞打鼓紡車大叫豬犬及舂聲又不用器淋灰不用親見產婦（觸忌者雛多厭殺不能自出假令出亦尋死也）雛既出別作籠籠之先以粳米為粥糜一頓飽食之名曰填嗉

不爾喜軒壹羌蹹量而死然後以粟飯切苦菜蕪菁英為食以清水與之濁則易不易歷塞鼻則死入水中不用停久尋宜驅出此既水禽不得水則死臍未合久在水中冷徹亦死於籠中高處敷細草令寢處其上雛小臍未合不欲冷也十五日後乃出早放者匪直乏力致又有寒冷兼鳥鴟災也鵝唯食五穀稗子及草菜不食生蟲葛洪方曰居射工之地常養鵝見此物食之故鶩羣此物也鴨靡不食矣水稗實成時尤是所便噉此足得肥充供廚者子鵝百日以外子鴨六七十日佳過此肉硬大率鵝鴨六年以上老不復生伏矣宜去之少

者初生伏又未能工唯數年之中佳耳

風土記曰鴨春季雛到夏五月則任啖故俗五六月則烹食之

作杬子法純取雌鴨無令雜雄足其粟豆常令肥飽一鴨便生百卵俗所謂谷生者此卵既非陰陽合生雖伏亦不成雛宜以供膳幸無麑卵之咎也

杬木皮爾雅曰杬魚毒郭璞注曰杬大木子似栗生南方皮厚汁赤中藏卵果無杬皮者虎杖根牛並作用爾雅云荼虎杖郭璞注云似紅草粗大有細刺可以染赤淨洗細莖剉煮取汁率二斗及熱下鹽一升和之汁極冷內甕中汁熱卵則致敗不堪久停

浸鴨子一月任食煑而食之酒食俱用鹹徹則卵浮吳中多作者至十數斛久停彌善亦得經夏也

養魚第六十一

陶朱公養魚經云威王聘朱公問之曰聞公在湖為漁父在齊為鴟夷子皮在西戎為赤精子在越為范蠡有之乎曰有之曰公任足千萬家累億金何術乎朱公曰夫治生之法有五水畜第一水畜所謂魚池也以六畝地為池池中有九洲求懷子鯉魚長三尺者二十頭牡

鯉魚長三尺者四頭以二月上庚日内池中令水無聲魚必生至四月内一神守六月内二神守八月内三神守神守者鼈也所以内鼈者魚滿三百六十則蛟龍為之長而將魚飛去内鼈則魚不復去在池中周遶九洲無窮自謂江湖也至來年二月得鯉魚長一尺者一萬五千枚三尺者四萬五千枚二尺者萬枚枚直五十得錢一百二十五萬至明年得長一尺者十萬枚長二尺者五萬枚長三尺五萬枚長四尺者四萬枚留長二尺

者二千枚作種所餘皆取錢五百一十五萬錢候至明年不可勝計也王乃於後苑治地一年得錢三十餘萬池中九洲八谷谷上立水二尺又谷中立水六尺所以養鯉者鯉不相食又易長也如朱公收利未可頓求然依法為池養魚必大豐足終天靡窮斯以無貲之利也

又作魚池法三尺大鯉非近江湖倉卒難求若養小魚積年不大欲令生大魚法要須截取藪澤陂湖饒大魚之處近水際土十數載以布池底二年之內即生大魚蓋由土中先有大魚子得水即生也

蓴南越經云石蓴似紫葉色青詩曰思樂泮水言采其茆毛云茆鳧葵也詩義疏云茆與葵相似葉大如手

赤圓有肥斷著手中滑不得停也莖大如箸皆可生食
又可約滑羮江南人謂之蓴菜或謂之水葵本草云治
消渴熱痺又云冷補下氣雜鯉魚作羮亦逐水而
性滑謂之淳菜或謂之水芹服食之不可多食

種蓴法 近陂湖可於湖中種之近流水者可決水為池
種之以深淺為候水深則莖肥葉少水淺則葉
多而莖瘦蓴性易生一種永得宜潔淨不
耐汚糞穢入池即死矣種一斗餘許足用

種藕法 春初掘藕根節頭著魚池
泥中種之當年即有蓮花

種蓮子法 八月九月取蓮子堅黑者於瓦上磨蓮頭令
皮薄取墐土作熟泥封之如三指大長二寸
使葉頭平重磨去尖銳泥乾時擲於池中重頭泥下自
然周正薄易生少時即出其不磨者皮既堅厚倉卒不
能生
也

種芡法一名雞頭一名鴈頭即今芡子是也由子形上花似雞冠故名曰雞頭八月中收取擘破取子散著池中自然生也

種芰法一名蔆秋上子黑冬時收取散著池中自生矣本草云蔆芰中米上品藥食之安中補藏養神強志除百病益精氣耳自聰輕身耐老蒸糧蜜和餌之長生神仙多種儉歲有此足度荒年

齊民要術卷六

總校官進士臣程嘉謨
校對官廢臣潘紹觀
謄錄監生臣蘇爾通阿

后魏·賈思勰 撰

齊民要術

（二）

中國書店

詳校官内閣中書臣孫溶

臣紀昀覆勘

欽定四庫全書

齊民要術卷七

後魏 賈思勰 撰

法酒第六十七

貨殖第六十二

范蠡曰計然云旱則資車水則資舟物之理也白圭曰趣時若猛獸鷙鳥之發故曰吾治生猶伊尹呂尚之謀孫吳用兵商鞅行法是也漢書曰秦漢之制列侯封君食租歲率户二百千户之君則二十萬朝覲聘享出其中庶民農工商賈率亦歲萬息二千百萬之家則二十萬而更傜租賦出其中故曰陸地牧馬二百蹏孟康曰五十匹

也蹏古蹄字牛蹏角千孟康曰一百六十七頭牛馬貴賤以此為率千足羊師古曰凡言千足者二百五十頭也澤中千足彘水居千石魚陂師古曰言有大陂養魚一歲收魚千石魚以斤兩為計山居千章之楸楸木千章者大枚也師古曰大材曰章解在百官公卿表安邑千樹棗燕秦千樹栗蜀漢江陵千樹橘淮北滎南濟河之間千樹楸陳夏千畝漆齊魯千畝桑麻渭川千畝竹及名國萬家之城帶郭千畝鍾之田孟康曰一鍾六斛四斗師古曰一畝收鍾者凡千畝若千畝梔茜孟康曰茜草梔子可用染也千畦薑韭此其人皆與千户侯等諺曰以貧求富農不如工工

不如商刺繡文不如倚市門此言末業貧者之資也師古曰言其易以得利也通邑大都酤一歲千釀師古曰千甕以釀酒醯醬千瓨胡雙反師古曰瓨長頭是也受十升醬千儋孟康曰儋石甖師古曰儋人儋之也一儋兩甖儋音丁濫反屠牛羊彘千皮販穀糶千鍾師古曰謂常糴取而居之薪稾千車船長千丈木千章洪同方藁草材也舊將作大匠掌於著日章曹掾竹竿萬箇軺車百乘師古曰軺車輕小車也牛車千兩木器髹者千枚銅器千鈞鈞三十斤也素木鐵器若梔茜千石孟康曰百二十斤為石素木素器也馬蹏躈千師古曰躈口也蹏與口共千則為馬二百也躈江釣反牛千足羊彘千

僮手指千孟康曰僮奴婢也古者無空手游口皆有作務須手指故曰手指以別馬牛蹄角也師古曰手指謂有巧伎者指千則人百筋角丹砂千斤其帛絮細布千鈞文采千匹師古曰文文緒也帛之有色者曰采榻布皮革千石孟康曰榻布白疊也師古曰粗厚之布也其價賤故與皮革同其量耳非疊白也榻者重厚貌漆千大斗師古曰大斗者異於量米粟之斗也今俗猶有大量糵麴鹽豉千合師古曰麴糵以斤石稱之輕重齊則為合鹽豉則斗斛量之多少等亦為合者相配耦之言耳今西楚荊沔之俗賣鹽豉各一斗則各為裹而相隨焉此則合也說者不曉迺讀為升合之合又改作占競為辭說失之遠矣鮐鮆千斤師古曰鮐海魚也鮆刀魚也飲而不食者鮐音胎又音落鮆音薺又音才爾反而說者妄讀鮐為夷非惟失於訓物亦不知音矣鯫

千石鮑千鈞師古曰鮿膊魚也即今不著鹽而乾者也鮑今之鮑魚也輒轉音普各反鮑音於業反而說者乃讀鮑為鮠魚之鮑音王日反失義遠矣鄭康成以為鮠於煏室乾之亦升也煏室乾之即耳蓋今巴荊人所呼鰎魚者是也音居偃反秦始皇載鮑亂臭則是浥魚耳而煏室乾者本不臭也煏音蒲北反棗栗千石者三之師古曰三千石狐貂裘千皮羔羊裘千石師古曰狐貂貴故計其數羔羊賤故稱其量也旃車千具他果采千種師古曰果采謂於山野采取果實也子貸金錢千貫節駔儈孟康曰節節物貴賤也謂除估儈其餘利比於千乘之家也師古曰儈者合會二家交易者也駔者其有率也駔音子朗反儈音工外反貪賈三之廉賈五之孟康曰貪賈未當賣而賣未當買而買故得利少而十得其三廉賈貴乃賣賤乃買故十得五

也亦比千乘之家此其大率也卓氏曰吾聞汶山之下沃壄下有蹲鴟至大不饑孟康曰蹲音蹲水鄉多鴟其山下有沃壄灌溉師古曰孟說非也蹲鴟謂芋也有根可食以充糧故無饑年華陽國志曰汶山郡都安縣有大芋如蹲鴟也諺曰何卒耕水窟貧何卒亦耕水窟言水田能貧能富曹邴氏家起富至巨萬然自父兄子弟勤約俯有拾仰有取

淮南子曰賈多端則貧工多技則窮心不一也高誘曰賈多端非一術工多技非一能故心不一也

塗甕第六十三

凡甕七月坯為上八月為次餘月為下凡甕無問大小皆須塗治甕津則造百物皆惡悉不成所以時宜留意新出窰及熱脂塗者大良若市買者先宜塗治勿使盛水未塗遇雨亦惡塗法掘地為小圓坑傍開兩道以引風火生炭火於坑中合甕口於坑上而熏之火盛喜破微則難熱務令調適乃佳數以手摸之熱灼人手便下寫熱脂於甕中迴轉濁流極令周匝脂不復滲所蔭切乃止牛羊脂為第一好豬脂亦得俗人用麻子脂者誤人耳若脂不濁流直一徧拭之亦不免津俗人釜土蒸甕者水氣亦不佳以熱湯數斗著甕中滌盪

洗之瀉卻滿盛冷水數日便中用用時更洗淨日曝令乾

造神麴并酒第六十四安麴在藏爪卷中

凡作三斛麥麴法蒸炒生各一斛炒麥黃莫令焦生麥擇治甚令精好種各別磨磨欲細磨乾合和之七月取甲寅日使童子著青衣日未出時面向殺地汲水二十斛勿令人潑人長水亦可瀉卻莫令人用其和麴之時面向殺地和之令使絕強團麴之人皆是童子小兒亦面向殺地有行穢者不使不得令入室近團麴當日使

訖不得隔宿屋用草屋勿使用瓦屋地須淨掃不得穢惡勿令濕畫地為阡陌周成四巷作麴人各置巷中假置麴王王者五人麴餅隨阡陌比肩相布訖使主人家一人為主莫令奴客為主與王酒脯之法濕麴王手中為椀中盛酒脯湯餅主人三徧讀文各再拜其房欲得板戶密泥塗之勿令風入至七日開當處翻之還令泥戶至二七日聚麴還令塗戶莫使風入至三七日出之盛著甕中塗頭至四七日穿孔繩貫日曝欲得使乾然

後内之其餅麴手團二寸半厚九分

祝麴文

東方青帝土公青帝威神南方赤帝土公赤帝威神西方白帝土公白帝威神北方黑帝土公黑帝威神中央黄帝土公黄帝威神某年月某日辰朔日敬啟五方五土之神主人某甲謹以七月上辰造作麥麴數千百餅阡陌縱横以辨疆界須建立五王各布封境酒脯之薦以相祈請願垂神力勤鑒所願使出類絶蹤穴蟲潛影

衣色錦布或蔚或炳殺熱火燌以烈以猛芳越椒熏味超和𥁞飲利君子既醉既逞惠彼小人亦恭亦靜敬告再三格言斯整神之聽之福應自冥人願無違希從畢永急急如律令祝三遍各再拜

造酒法全餅麴曬經五日許日三過以炊箒刷治之絶令使淨若遇好日可三日曬然後細刷布帊盛高屋厨上曬經一日莫使風土穢汙乃平量麴一斗臼中受令碎若浸麴一斗與五升水浸麴三日如魚眼湯沸酘米

其米絕令精細淘米可二十徧酒飯人狗不令噉淘水及炊釜中水為酒之具有所洗浣者悉用此水佳也酘

若作秫黍米酒一斗麴殺米二石一斗第一酘米三斗停一宿酘米五斗又停再宿酘米一石又停三宿酘米三斗其酒飯欲得弱炊炊如食飯法舒使極冷然後納之

若作糯米酒一斗麴殺米一石八斗唯三過酘米畢其炊飯法直下饙不須報蒸其下饙法出饙甕中取釜下

沸湯燒之僅沒飯使止此元僕射家法

又造神麴法其麥蒸炒生三種齊等與前同但無復阡陌酒脯湯餅祭麴王及童子手團之事矣預前事麥三種合和細磨之七月上寅日作麴溲欲剛擣欲粉細作熟餅用圓鐵範令徑五寸厚一寸五分於平板上令壯士熟踏之以杙刺作孔淨掃東向開户屋布麴餅於地閉塞窓户密泥縫隙勿令通風滿七日翻之二七日聚之皆還密泥三七日出外日中曝之令燥麴成矣任意

舉閤亦不用甕盛甕盛者則麴烏腹烏腹者遶孔黑爛若欲多作者任人耳但須三麥齊等不以三石為限此麴一斗殺米三石笨麴一斗殺米六斗省費懸絕如此用七月七日焦麥麴及春酒麴皆笨麴法

造神麴黍米酒方細剉麴燥曝之麴一斗水九斗米三石須多作者率以此加之其甕大小任人耳桑欲落時作可得周年停初下用米一石次殺五斗又四斗又三斗以漸待米消即殺無令勢不相及味足沸定為熟氣

味雖正沸未息麴勢未盡宜更酘之不酘則酒味苦薄矣得所者酒味輕香實賜凡麴初釀此酒者率多傷薄何者猶以凡麴之意忖度之盖用米既少麴勢未盡故也所以傷薄耳不得令猪狗見所以專取桑落者作者黍必令極冷也

又神麴法以七月上寅日造不得令雞狗見及食者麥多少分為三分蒸炒二分正等其生者一分一石上加一斗半各細磨和之溲時微令剛足手熟揉為佳使童

男小兒餅之廣三寸厚二寸須西廂東向開戶屋中淨掃地地上布麴十字立巷令通人行四角各造麴奴一枚訖泥戶勿令泄氣七日開戶翻麴還塞戶二七日聚又塞之三七日出之作酒時治麴如常法細剉為佳

造酒法用黍米一斛神麴二斗水八升米初下米五斗必令五六十遍淘之二酘七斗米三酘八斗米滿二石米已外任意斟裁然要須米微多米少酒則不佳冷煖之法悉如常釀要在精細也

神麴粳米醪法春月釀之燥麴一斗用水七斗粳米二石四斗浸麴發如魚眼湯淨淘米八斗炊作飯舒令極冷以毛袋漉去麴滓又以絹濾之麴汁於甕中即酘飯候米消又酘八斗消盡又酘八斗凡三酘畢若猶苦者更以二斗酘之此合醅飲之可也

又作神麴方以七月中旬已前作麴為上時亦不必要須寅日二十日已後作者麴漸弱凡屋皆得作亦不必要須東向開戶草屋也大率小麥生炒蒸三種等分曝

蒸者令乾三種合和碓昨淨簸擇細磨羅取麩更重磨
惟細為良麤則不好剉胡菜煮三沸湯待冷接取清者
溲麴以相著為限大都欲小剛勿令太澤擣令可團便
止亦不必滿千杵以手團之大小厚薄如蒸餅劑令下
微浥浥刺作孔丈夫婦人皆團之不必須童男其屋預
前數日數著猫捕鼠窟泥壁令淨掃地布麴餅於地上
作行伍勿令相逼當中十字阡陌使通容人行作麴王
五人置之於四方及中央中央者面南四方者面皆向

内酒脯祭與不祭亦相似令從省市麴訖閉戶密泥之勿使漏氣七日開戶翻麴還著本處泥閉如初二七日聚之若止三石麥麴者但作一聚多則分為兩泥閉如初三七日以麻繩穿之五十餅為一貫懸著戶内開戶勿令見日五日後出著外許懸之晝日曬夜受露霜不須覆蓋久停亦爾但不用被雨此麴得三年停陳者彌好

神麴酒方淨掃刷麴令淨有土處刀削去必使極淨及

斧背椎破大小如棗栗斧刀則殺小用故紙糊席曝之夜乃勿收令受霜露風陰則收之恐土汙及雨潤故也若急須者麴乾則得從容者經二十日許受霜露彌令酒香麴必須乾潤濕則酒惡春秋二時釀者皆得過夏熟桑落時作者及勝於春桑落時稍冷初浸麴與春同及下釀則茹甕止取微煖勿太厚太厚則傷熱春則不須置甕於塼上秋以九月或十九日收水春以正月十五日或以晦日及二月二日收水當日即浸麴此四日

為上時餘日非不得作恐不耐久收水法河水第一好
遠河者取極甘井水小鹹則不佳
清麴法春十一日或十五日秋十五日或二十日所以
爾者寒煖有早晚故也但候麴香沫起便下釀過久麴
生衣則為失候失候則酒重鈍不復輕香米必細眛淨
淘三十許遍若淘米不淨則酒色重濁大率麴一斗春
用水八斗秋用水七斗秋酘米三石春酘米四石初下
釀用黍米四斗再餾弱炊必令均熟勿使堅剛生也於

席上攤黍令極冷貯出麴汁於盆中調和以手搦破之無塊然後內甕中春以兩重布覆秋於布上加氈若值天寒亦可加草一宿再宿候米消更酘六斗第三酘用米或七八斗第四第五第六酘用米多少皆候麴勢強弱加減之亦無定法或再宿一酘三宿一酘無定準惟須消化乃酘之每酘皆挹取甕中汁調和之僅得和黍破塊而已不盡貯出每酘即以酒杷遍攪令均調和然後蓋甕雖言春秋二時酘米三石四石然須蓋候麴勢

麴勢未窮米猶消化者便加米惟多為良世人云米過酒甜此乃不觧法候酒冷沸止米有不消者便是麴勢盡酒若熟矣押出清澄竟夏直以單布覆甕口斬席盖布上愼勿甕泥甕泥封交即酢壊冬亦得釀但不及春秋耳冬釀者未須厚茹甕覆盖初下釀則黍小煖下之一發之後重酘時還攤黍使冷酒發極煖重釀煖黍亦酢矣其大甕多釀者依法加倍之其糠瀋雜用一切無已

河東神麴方七月初治麥七日作麴七日未得作者七月二十日前亦得麥一石者六斗炒三斗蒸一斗生細磨之桑葉五分蒼耳一分艾一分茱萸一分若無茱萸野蓼亦得用合煮取汁令如酒色漉出滓待冷以和麴勿令太澤擣千杵餅如凡麴方範作之

臥麴法先以麥䴷布地然後著麴訖又以麥䴷覆之多作者可用箔槌如養蠶法覆訖閉戶七日翻麴還以麥䴷覆之二七日聚麴亦還覆之三七日甕盛後經七日

然後出曝之

造酒法用黍米麴一斗酘米一石秫米令酒薄不任事治麴必使表裏四畔孔内悉皆淨削然後細剉令如棗栗曝使極乾一斗麴用水一斗五升十月桑落初凍則收水釀者為上時春酒正月晦日收水為中時春酒河南地煖二月作河北地寒三月作大率用清明節前後耳初凍後盡年暮水脉既定收取則用其春酒及餘月皆須煮水為五沸湯待冷浸麴不然則動十月初凍尚

煖未須茹甕十一月十二月須黍穰茹之浸麴冬十日春七日候麴發氣香沫起便釀隆冬寒厲雖日茹甕麴汁猶凍臨下釀時宜漉出凍凌於釜中融之取液而已不得令熱凌液盡還瀉著甕中然後下黍不爾則傷冷假令甕受五石米者初下釀止用米一石淘米須極淨水清乃上炊為饋下著空甕中以釜中炊湯及熱沃之令饋上水深一寸餘便止以盆合頭良久水盡饋極熟軟便於席上攤之使令貯汁於盆中搦黍令頗瀉著

甕中復以酒杷攪之每酘皆然惟十一月十二月天寒水凍黍須人體煖下之桑落春酒悉皆冷下初冷下者酘亦冷初煖下者酘亦煖不得迴易冷熱相雜次酘八斗次酘十斗皆須候麴糵強弱增減耳亦無定數大率中分米半前作沃饋半後作再餾黍純作沃饋酒便鈍再餾黍酒便清香是以須中半耳各釀六七酘春作七八酘冬欲酒煖春欲酒冷酘米太多則傷熱不能久春以單布覆甕冬用薦蓋之冬初下釀時以炭火擲著甕

中挍刀橫於甕上酒熟乃去之冬釀十五日熟春釀十日熟至五月中甕別椀盛於日中炙之好者不動惡者色變色變者宜先飲之好者留過夏但合醅停須臾便押出還得與桑落時相接地窖著酒令酒土氣唯連簷草屋中居之爲佳瓦屋亦熱作麴浸麴炊釀一切悉用河水無手力之家乃用甘井水耳

淮南萬畢術曰酒薄復厚漬以莞蒲斷滿漬酒中有頃出之酒則厚矣

凡冬月釀酒中冷不發者以瓦瓶盛熱湯堅塞口又於

釜湯中煮瓶令極熱引出著酒甕中須臾即發

白醪麴酒第六十五 皇甫吏部家法

作白醪麴法取小麥三石一石熬之一石蒸之一石生三等合和細磨作屑煮胡葉湯經宿使冷和麥屑擣令熟踏作餅圓鐵作範徑五寸厚一寸餘牀上置箔箔上安蘧蒢蘧蒢上置桑薪灰厚二寸作胡葉湯令沸籠子中盛麴五六餅許著湯中少時出臥置灰中用生胡葉覆上以經宿勿令露濕特覆麴薄徧而已七日翻二七

日聚三七日收曝令乾作麴密屋泥户勿令風入若以牀小不得多著麴者可四角頭豎槌重置掾箔如養蠶法七月作之

釀白醪法取糯米一石令水淨淘漉出著甕中作魚眼沸湯浸之經一宿米欲絕酢炊作一餾飯攤令絕冷取魚眼湯沃浸米泔二斗煎取六升著甕中以竹掃衝之如茗渤復取水六斗細羅麴末一斗合飯一時內甕中和攪令飯散以氈物裹甕并口覆之經宿米消取生疎

布漉出糟別炊好糯米一斗作飯熟著酒中為汎以單布覆甕經一宿汎米消散酒味備矣若天冷停三五日彌善一釀一斛米一斗麴末六斗水六升浸米漿若欲多釀依法別甕中作不得作在一甕中四月五月六月七月皆得作之其麴預三日以水洗令淨曝乾用之

笨麴餅酒第六十六 笨符本切

作秦州春酒麴法七月作之節氣早者望前作節氣晚者望後作用小麥不蟲者於大鑊釜中炒之炒法釘大

橛以繩緩縛長柄匕匙著橛上緩火微炒其著匙如挽
棹上連疾攪之不得暫停停則生熟不均候麥香黃便
出不用過焦然後簸擇治令淨磨不求細細者酒不斷
麤剛強難押預前數日刈艾擇去雜草曝之令萎勿使
有水露氣溲欲剛灑水欲均初溲時手搦不相著者佳
溲訖聚置經宿來晨熟擣作木範之令餅方一尺厚二
寸使壯士熟踏之餅成刺作孔豎槌布艾椽上卧麴餅
艾上以艾覆之大率下艾欲厚上艾稍薄密閉窗户三

七日麴成打破看餅内乾燥五色衣成便出曝之如餅中未燥五色衣未成更停三五日然後出反覆日曬令極乾然後高廚上積之此麴一斗殺米七斗

作春酒法治麴欲淨剉麴欲細曝麴欲乾其法以正月晦日多收河水井水若鹹不堪淘米下饙亦不得大率一斗麴殺米七斗用水四斗率以此加減之十七石甕惟得釀十石米多則溢出作甕隨大小依法加減浸麴七八日始發便下釀假令甕受十石米者初下以炊米

兩石為再餾黍黍熟以淨席薄攤令冷塊大者擘破然後下之沒水而已勿更挠勞待至明旦以酒把攪之自然解散也初下即搦者酒喜厚濁下黍訖以席蓋之已後間一日輒更酘皆如初下法第二酘用米一石七斗第三酘用米一石四斗第四酘用米一石一斗第五酘用米一石第六酘第七酘各用米九斗計滿九石作三五日停著嘗之氣味足者乃罷若猶少味者更酘三四斗數日復嘗仍未足者更酘三二斗數日復嘗麴勢壯

酒仍苦者亦可過十石然必須看候勿使米過過則酒甜其七酘以前每欲酘時酒薄霍霍是麴勢盛也酘時宜加米與次前酘等雖勢極盛亦不得過次前一酘斛斗也勢弱酒厚者須減米三斗勢盛不加便為失候勢弱不減剛強不削加減之間必須存意若多作五甕已上者每炊熟即須均分熟黍令諸甕徧得若徧酘一甕令足則餘甕比候黍熟已失酘矣酘當令寒食前得再酘乃佳過此便稍晚若邂逅不得早釀者春水雖臭仍

自中用淘米必須極淨常洗手剔甲勿令手有鹹氣則
令酒動不得過夏

作頤麴法斷理麥艾布置法悉與春酒麴同然以九月
中作之大凡作麴七月最良然七月多忙無暇及此且
頤麴然此麴九月作亦自無嫌若不營春酒麴者自可
七月中作之俗人多以七月初七日作之

崔寔亦曰六月六日七月七日可作其麴酘米多少與
春酒麴同但不中為春酒喜動以春酒麴作頤酒彌佳

也

作頤酒法八月九月中作者水定難調適宜煎湯三四沸待冷然後浸麴酒無不佳大率用水多少酘米之節略準春酒而須以意消息之十月桑落時者酒氣味頗類春酒

河東頤白酒法六月七月作用笨麴陳者彌佳剗治細剉麴一斗熟水三斗黍米七斗麴殺多少各隨門法常於甕中釀無好甕者用先釀酒大甕淨洗曝乾側甕著

地作之旦起煮甘水至日午令湯色白乃止量取三斗著盆中日西淘米四斗使淨即浸夜月炊作再餾飯令四更中熟下黍飯席上薄攤令極冷於黍飯初熟時浸麴向曉昧旦日未出時下釀以手搦破塊仰置勿蓋日西更淘三斗米浸炊還令四更中稍熟攤極冷日未出前酘之亦搦塊破明日便熟押出之酒氣香美乃勝桑落時作者六月中惟得作一石米酒停得三五日七月半後稍稍多作於北向户大屋中作之第一如無北向

户屋於清涼處亦得然要須日未出前清涼時下黍日出已後熱即不成一石米者前炊五斗半後炊四斗半

笨麴桑落酒法預前淨剗麴細剉曝乾作釀池以藁茹甕不茹甕則酒甜用穰則大熱黍米淘須極淨九月九日日未出前收水九斗浸麴九斗當日即炊米九斗為饙下饙著空甕中以釜內炊湯及熱沃之令饙上者水深一寸餘便止以盆合頭良久水盡饙熟極軟瀉著蓆上攤之令冷挹取麴汁於甕中搦塊令破瀉甕中復以

酒把攪之每酘皆然兩重布蓋甕口七日一酘每酘皆用米九斗隨甕大小以滿為限假令六酘半前三酘皆用沃饋半後三酘作再餾黍其七酘者四炊沃饋三炊黍飯甕滿好熟然後押出香美勢力倍勝常酒

笨麴白醪酒法淨削治麴曝令燥清麴必須累餅置水中以水沒餅為候七日許搦令破漉出滓炊糯米為黍攤令極冷以意酘之且飲且酘乃至盡粇米亦得作作時必須寒食前令得一酘之也

蜀人作酴酒法酴音塗十二月朝取流水五斗漬小麥麴二斤密泥封至正月二月凍釋發漉去滓但取汁三斗酘米三斗炊作飯調強軟合和復密封數十日便熟合滓餐之甘辛滑如甜酒味不能醉人人多啖溫溫小煖而面熱也

粱米酒法凡粱米皆得用赤粱白粱者佳春秋冬夏四時皆得作淨治麴如上法笨麴一斗酘米六斗神麴彌勝用神麴量酘多少以意消息春秋桑葉落時麴皆細

剉冬則擣末下絹簁大率一石米用水三斗春秋桑落三時冷水浸麴麴發漉去滓冬即蒸甕使熱穰茹之以所量水煮少許粱米薄粥攤待溫溫以浸麴一宿麴發便炊下釀不去滓看釀多少皆平分米作三分一分一炊淨淘弱炊為再餾攤令溫溫煖於人體便下以杷攪之盆合泥封夏一宿春秋再宿冬三宿看米好消更炊酘之還封泥第三酘亦如之三酘畢後十日便好熟押出酒色漂漂與銀光一體薑辛桂辣蜜甜膽苦悉在其

中芬芳酷烈輕儁遒爽超然獨異非黍秫之儔也

穄米酎法 酎音宙 淨治麴如上法笨麴一斗殺米六斗神麴彌勝用神麴者隨麴殺多少以意消息麴擣作末下絹簁計六斗米用水一斗從釀多少率以此加之米必須昲淨淘水清乃止即經宿浸置明旦碓擣作粉稍稍箕簸取細者如餻粉法訖以所量水煮少許穄粉作薄粥自餘粉悉於甑中乾蒸令氣好餾下之攤令冷以麴末和之極令調均粥溫溫如人體時於甕中粉痛抨使

均柔令相著亦可椎打如椎麴法擘破塊內著甕中盆合泥封裂則更泥封勿令漏氣正月作至五月大雨後夜暫開看有清中飲還泥封至七月好熟接飲不押三年停之亦不動一石米不過一斗糟悉著甕底酒盡出時水硬糟肥欲似灰石酒色似麻油甚釅先能飲好酒一斗者惟禁得升半飲三升大醉三升不澆大醉必死凡人大醉酩酊無知身體壯熱如火者作熱湯以冷解名曰生熟湯湯令均小熱得通人手以澆醉人湯淋處

即冷不過數斛湯廻轉翻覆通頭面痛淋須臾起坐與人此酒先問飲多少裁量與之若不語其法口義不能自節無不死矣一斗酒醉二十人得者無不傳餉親知以為恭

黍米酎法亦以正月作七月熟淨治麴擣末絹簁如上法笨麴一斗酘米六斗用神麴彌佳亦隨麴殺多少以意消息米細師淨淘弱炊再餾黍攤冷以麴末於甕中和之挼令調均擘破塊著甕中盆合泥封五月暫開悉

同穄酎法芬香美釀皆亦相似釀此二醞常宜謹慎多喜殺人以飲少不言醉死正宜藥殺尤湏節量勿輕飲之

粟米酒法惟正月得作餘月悉不成用笨麴不用神麴粟米皆得作酒然青穀米最佳治麴淘米必湏細淨以正月一日日未出前取水日出即曬麴至正月十五日擣麴作末即浸之大率麴末一斗堆量之水八斗酘米一石米平量之隨甕大小率以此加以向滿為度隨米

多少皆平分為四分從初至熟四炊而已預前經宿浸米令液以正月晦日向暮炊釀正作饋耳不為再餾飯欲熟時預前作泥置甕邊饋熟即舉甑就甕下之速以酒杷就甕中攪作三兩遍即以盆合甕口泥密封勿令漏氣看有裂處更泥封七日一酘皆如初法四酘畢四七二十八日酒熟此酒要須用夜不得白日四度酘者及初押酒時皆廻身映火勿使燭明及度酒熟便堪飲未急待且封置至四五月押之彌佳押訖還泥封須便

擇取蔭屋貯置亦得度夏氣味香美不減黍米酒貧薄
之家所宜用之黍米貴而難得故也
又造粟米酒法預前細挫麴曝令乾末之正月晦日日未
出時收浸麴一斗水七斗麴發便下釀不限日數米足
便醴爲異耳其餘法用一與前同
作粟米爐酒法五月六月七月中作之倍美受兩石以
下甕子以石子二三升蔽甕底夜炊粟米飯即攤之令
冷夜得露氣雞鳴乃和之大率米一石酘麴米一斗春

酒糟末一斗粟米飯五斗麴殳若多少計須減飯和法痛挼令相雜填滿甕為限以紙蓋口摶押上勿泥之恐大傷熱五六日後以手内甕中看令無熱氣便熟矣酒停亦得二十許日以冷水澆筒飲之䤈出者歇而不美

魏武帝上九醞法奏曰臣縣故令九醞春酒法用麴三十斤流水五石臘月二日清麴正月凍解用好稻米漉去麴滓便釀法引曰譬諸蟲雖久多完三日一釀滿九石米止臣得法釀之常善其上清滓亦可飲若以九醞

苦難飲增為十釀易飲不病九醞用米九斛十釀用米
十斛俱用麴三十斤但米多少耳治麴淘米一如春酒
法
浸藥酒法以此酒浸五加木皮及一切藥皆有益神效
用春酒麴及笨麴不用神麴糖瀋埋藏之勿使六畜食
治麴法須斫去四緣四角上下兩面皆三分去一孔中
亦剉去然後細剉燥曝末之大率麴末一斗用水一斗
半多作以此加之釀用黍必須細𦦨淘欲極淨水清乃

止用米亦無定方準量麴勢強弱然其米要須均分為七分一日一酘莫令空闕闕即折麴勢力七酘畢便止熟即押出之春秋冬夏皆得作茹甕厚薄之宜一與春酒同但黍飯攤使極冷冬即須物覆甕其所去之麴猶有力不廢餘用耳

博物志胡椒酒法以好春酒五升乾薑一兩胡椒七十枚皆擣末好美安石榴五枚押取汁皆以盡薑椒末及安石榴汁悉内著酒中火煖取温亦可冷飲亦可熱飲

之中下氣若病酒苦覺體中不調飲之能者四五升不能者可二三升從意若欲增薑椒亦可若嫌多欲減亦可欲多作者當以此爲率若飲不盡可停數日此邊人所謂蓽撥酒也

食經作白醪酒法生秫米一石方麴二斤細剉以泉水漬麴密蓋再宿麴浮起炊米三斗酘之使和調蓋滿五日乃好酒甘如乳九月半後可作也

作白醪酒法用方麴五斤細剉以流水三斗五升漬之

再宿炊米四斗令酘之令得七斗汁凡三酘濟令清又炊一斗米酘酒中攪令和解封四五日黍浮縹色上便可飲矣

冬米明酒法九月漬清稻米一斗擣令細末沸湯一石澆之麴一斤末攪和三日極酢合二斗釀米炊之氣刺人鼻便為大發攪成用方麴十五斤酘之米三斗水四斗合和釀之也

夏米明酒法秫米一石麴三斤水三斗漬之炊三斗米

酘之凡三濟出炊一斗酘酒中再宿黍浮便可飲之

朗陵何公夏封清酒法細剉麴如雀頭先布甕底以黍一斗次第用水五升澆之泥著日七日熟

愈瘧酒法四月八月作用水一石麴一斤擣作末俱酘水中酒酢煎一石取七斗以麴四斤須漿冷酘麴一宿上生白沫起炊秫一石冷酘中三日酒成

作酃酒法酃盧丁反以九月中取秫米一石六斗炊作飯以水一石宿漬麴七斤炊飯令冷酘麴汁中覆甕多用荷

箬令酒香燥復易之

作和酒法酒一斗胡椒六十枚乾薑一分雞舌香一分華撥六枚下篩絹囊盛内酒中一宿蜜一升和之

作夏雞鳴酒法秫米二升煑作糜麴二斤擣合米和令調以水五斗漬之封頭令日作明旦雞鳴便熟

作櫂酒法四月取櫂葉合花采之還即急抑著甕中六七日悉使烏熟曝之煮三四沸去滓内甕中下麴炊五斗米日中可燥手一兩抑之一宿復炊五斗米酘之便

熟

柯柂酒法（柂良知反）二月二日取水三月三日煎之先攪麴中水一宿乃炊黍米飯日中曝之酒成也

法酒第六十七

釀法皆用春酒麴其米糠瀋汁饙飯皆不用人及狗鼠食之

黍米法酒預剉麴曝之令極燥三月三日秤麴三斤三兩取水三斗三升浸麴經七日麴發細泡起然後取黍

米三斗三升淨淘凡酒米皆欲極淨水清乃止法酒尤宜存意淘米不得淨則酒黑炊作再餾飯攤使冷著麴汁中搦黍令散兩重布蓋甕口候米消盡更炊四斗半米酘之每酘皆搦令散第三酘炊米六斗自此以後每酘以漸和米甕無大小以滿為限酒味醇美宜合醅飲食之飲半更炊米重酘如初不著水麴惟以漸加米選得滿甕竟夏飲之不能窮盡所謂神異矣

作當梁酒法當梁下置甕故曰當梁以三月三日日未

出時取水三斗三升乾麴末三斗三升炊黍米三斗三升為再餾黍攤使極冷水麴黍俱時下之三月六日炊米六斗酘之三月九日炊米九斗酘之自此以後米之多少無復斗數任意酘之滿甕便止若欲取者但言偷酒勿云取酒假令出一石還炊一石米酘之甕還復滿亦為神異其糠瀋悉瀉坑中勿令狗鼠食之

秔米法酒糯米大佳三月三日取井花水三斗三升絹簁麴末三斗三升秔米三斗三升稻米佳無者旱稻米

亦得充事再餾弱炊攤令小冷先下水麴然後酘之七日更酘用米六斗六升一七日更酘用米一石三斗二升二七日更酘用米二石六斗四升乃止量酒備足便止合醅飲者不復封泥令清者以盆密蓋泥封之經七日便極清澄接取清者然後押之

食經七月七日作酒法方一石麴作燠餅編竹甕下羅餅竹上密泥甕頭二七日出餅曝令燥還內甕中一石米合得三石酒也

又法酒方焦麥麴末一石曝令乾煎湯一石黍一石合糅令甚熟以二月二日收水即預煎湯停之令冷初醱之時十日一醱不得使狗鼠近之於後無若或八日六日一醱會以偶日醱之不得隻日二月中節醱令足常預煎湯停之醱畢以五升洗手蕩其米多少依焦麴殺之

三九酒法以三月三日收水九斗米九斗焦麴末九斗先曝乾之一時和之揉和令極熟九日一醱後五日一

酘後三日一酘勿令狗鼠近之會以隻日酘不得以偶日也使三月中即令酘足常預作湯甕中停之酘畢輙使五升洗手蕩甕傾於酒甕中也

治酒酢法若十石米酒炒三升小麥令甚黒以絳帛再重為袋用盛之周築令硬如石安在甕底經二七日後飲之廻即 闕

大州白墮麴方餅法穀三石蒸兩石生一石别磑之令細然後合和之也桑胡葈葉艾葉各二尺圍長二尺許

合煑之使爛去滓取汁以冷水和之如酒色和麴燥濕以意酌量日中擣三千六百杵訖餅之安置煖屋牀上先布麥䴬厚二寸然後置麴上亦與䴬二寸覆之閉戸勿使露見風日一七日冷水濕手拭之令遍即翻之至二七日一例側之三七日籠之四七日出置日中曝令乾作酒之法淨削刮去垢打碎末令乾燥十斤麴殺米一石五斗

作桑落酒法麴末一斗熟米二斗其米令精細淘淨水

清為度用熟水一斗限三酘便止清麴倶向發便酘不得失時勿令小兒人狗食黍

作春酒以冷水漬麴餘同冬酒

齊民要術卷七

欽定四庫全書

齊民要術卷八

後魏 賈思勰 撰

作黃衣法

六月中取小麥淨淘訖於甕中以水浸之令醋漉出熟蒸之搥箔上敷席置麥於上攤令厚二寸許預前一日刈薍葉薄無薍葉者刈胡葈擇去雜草無令有水露氣候麥冷以胡葈覆之七月看黃衣色足便出曝之令乾去胡葈而已慎勿颺簸齊人喜當風颺去黃衣此大謬凡有所造作用麥䴬者皆仰其衣為勢今反颺去之作物必不善

作黃蒸法

七月中取生小麥細磨之以水溲而蒸之氣餾好熟便下之攤令冷布置覆蓋成就一如麥䴬法亦勿颺之慮其所損

作糵法

八月中作盆中浸小麥即傾去水日曝之一日一度著水即去之脚生布麥於席上厚二寸一日一度以水澆之芽生便止即散收令乾勿使餅餅成則不復任用此煮白餳糵若煮黑餳即待芽生青成餅

然後以刀劖取乾之欲令錫
如琥珀色者以大麥為其糵
孟子曰雖有天下易生之物一日曝之十日寒之未有
能生者也

常滿鹽花鹽第六十九

造常滿鹽法以不津甕受十石者一口置庭中石上以
白鹽滿之以甘水沃之令上恒有游水須
用時挹取煎即成鹽還以甘水添之取一升添一升日
曝之熱盛還即成鹽永不窮盡風塵陰雨則蓋天晴争
還仰若黃鹽鹹水者鹽汁
則苦是以必須白鹽甘水

造花鹽印鹽法五月中旱時取水二斗以鹽一斗投水
中令清盡又以鹽投之水鹹極則鹽不

復消融易器淘治沙汰之澄去垢土瀉清汁於淨器中鹽甚白不廢常用又一石還得八斗汁亦無多損好日無風塵時日中曝令成鹽浮即便是花鹽厚薄光澤似鍾乳久不接取即成印鹽大如豆粒四方千百相似而成印輙沉漉取之花印一鹽白如珂雲其味又美

作醬法第七十

十二月正月為上時二月為中時三月為下時用不津甕甕津則壞植酢者亦不中用之置日中高處石上夏雨無令水浸甕底以一鉎鍬一本作生縮鐵釘子皆歲殺釘著甕底石下後雖有妊娠婦人食之醬亦不壞爛也用春種烏豆春豆粒小而均晚豆粒大而雜於大甑中燥蒸之氣餾半日許復貯出更

裝之廻在上居下不爾則生熟不多調均也氣餾周徧以灰覆之經宿無令火絶取乾牛屎圓累令中央空然之不烟勢類好炭者能多收常用作食既無灰塵又不失火勝於草遠矣醬看豆黃色黑極熟乃下日曝取乾夜則聚覆無令潤溼臨炊舂去皮更裝入甑中蒸令氣餾則下一日曝之明旦起淨簸擇滿臼舂之而不碎若不重餾碎而難淨簸揀去碎者作熟湯於大盆中浸豆黃良久淘汰挼去黑皮湯少則添慎勿易湯易湯則走失豆味令醬不美也漉而蒸之淘豆易汁即煮細豆作醬以供旋食大醬則不用汁一炊傾下置淨席上攤令極冷預前日曝白鹽黃蒸

草蒿（居恤反）麥麴令極乾燥（鹽色黃者發醬苦鹽若潤濕令醬壞黃蒸令醬赤美蒿令醬芬芳蒿挼簸去草土麴及黃蒸各別擣細末簁馬尾羅彌好）大率豆黃三斗麴末一斗黃蒸末一斗白鹽五升蒿子三指一撮（鹽少令醬酢後雖加鹽無復美味其用神麴者一升當笨麴三升殺多故也）豆黃堆量不槩鹽麴輕量平槩三種量訖於盆中面向太歲和之（向太歲則無蛆蟲也）攪令均調以手痛挼皆令潤徹亦面向太歲內著甕中手挼令堅以滿為限半則難熟盆蓋密泥無令漏氣熟便開之（臘月五七日正月二月四七日三月三七日）當縱橫裂周迴匝甕徹底生衣

悉貯出搦破塊兩甕分為三甕日未出前汲井花水於盆中以燥鹽和之率一石水用鹽三斗澄取清汁又取黃蒸於小盆内減鹽汁浸之接去黃滓漉去滓合鹽汁瀉著甕中（率十石醬黃蒸三斗鹽水多少亦無定方醬如薄粥便是豆乾水故也）仰甕口曝之（諺曰萎蕤葵日乾醬言其美矣）十日内每日數度以把徹底攪之十日後每日輒一攪三十日止雨即蓋甕無令水入（水入則生蟲）每經雨後輒須一攪解後二十日堪食然要百日始熟耳

術曰若爲姙娠婦人壞醬者取白葉棘子著甕中則還好俗人用孝杖攪醬及炙甕醬雖回而胎損乞人醬時以新汲水一盞和而與之令醬不壞

肉醬法牛羊麞鹿兔肉皆得作取良殺新肉去脂細剉陳肉乾者不任用合時令醬膩曬麴令燥熟擣絹簁大率肉一斗麴末五升白鹽二升半黃蒸一升曝乾熟擣絹膩簁盤上和令均調內甕子中有骨者和訖先擣然後盛之骨多髓既肥膩醬耶然也泥封日曝寒月作之於黍穰積中二七日開看醬出無麴氣便熟矣買

新殺雞煮之令極爛肉銷盡去骨取汁待冷解醬雞汁亦得無用陳肉令醬膩無雞雉好酒解之還著日中

作卒成肉醬法牛羊麞鹿兔肉生魚皆得作細剉肉一斗好酒一斗麴末五升黃蒸末一升白鹽一斗麴及黃蒸並曝乾絹簁惟一月三十日停是以不須鹹鹹則不美盤上調和令均擣使熟擘碎如棗大作浪中坎火燒令赤去灰水澆以草厚蔽之令甜中纔容醬瓶大釜中湯煮空瓶令極熱出乾掬肉內瓶中令去瓶口三寸滿則近口者焦碗蓋瓶口熟泥密封內草

中下土厚七八寸（土薄火熾則令醬焦熟遲氣味好焦是以寧冷不焦食雖便不復中食也）於上然乾牛糞火通夜勿絶明日用時醬出便熟（若未熟者還覆置更然如初）臨食細切葱白著麻油炒葱令熟以和肉醬甜美異常也

作魚醬法（鮐魚鯖魚第一好鯉魚亦中鱭魚鮐魚即全作不用切）去鱗淨洗拭令乾如膾法披破縷切之去骨大率成魚一斗用黃衣三升（一升全用黃鹽二升作末則苦）白鹽二斤黃蒸一升（末之）橘皮一合（縷切之）和令調均内甕子中泥密封日曝（勿令漏氣）熟以好酒解

之作魚醬肉醬皆以十二月作之則經夏無蟲餘月亦得作但喜生蟲不得度夏耳

乾鱭魚醬法一名刀魚六月七月取乾鱭魚盆中水浸置屋裏一日三度易水三日好淨漉洗去鱗全作勿切率魚一斗麴末四升黃蒸末一升無蒸用麥蘗末亦得白鹽二升半於盤中和令調均布置甕子泥封勿令漏氣二七日便熟味香美與生者無殊異

食經作麥醬法小麥一石漬一宿炊卧之令生黃衣以水一石六斗鹽三升煑作鹵澄取八斗著甕中炊小麥投之攪令調均覆著日中十日可食

作榆子醬法治榆子仁一升擣末篩之清酒一升醬五升合和一月可食之

又魚醬法 成膾魚一斗以麴五升酒二升鹽三升橘皮二葉合和於瓶內封一日可食甚美

作鰕醬法 鰕一斗飯三升為糝鹽一升水五升和調日中曝之經春夏不敗

作燥脡 始蟬反 法 羊肉二斤猪肉一斤合煮令熟細切之薑五片橘皮兩葉雞子十一枚生羊肉一斤豆醬清五合先取熟肉甑上蒸令熱和生肉醬清薑橘皮和之

生脡法 羊肉一斤猪肉白四兩豆醬清漬之縷切生薑雞子春秋用蘇蓼著之

崔寔曰正月可作諸醬肉醬清醬四月立夏後鮦魚醬五月可為醬上旬鬻 楚狡切 豆中庚煮之以碎豆作末都至六七月之交分以藏瓜可作魚醬

作鱁鮧法昔漢武帝逐夷至於海濱聞有香氣而不見物令人推求乃是漁父造魚腸於坑中以至土覆之法香氣上達取而食之以為滋味逐夷得此物因名之置魚腸醬也取石首魚魦魚鯔魚三種腸肚胞齊淨洗空著白鹽令小倍鹹內器中密封置日中夏二十日春秋五十日冬百日乃好熟時下薑酢等

藏蟹法九月內取母蟹母蟹臍大圓竟腹下公蟹狹而長得則水中勿令傷損及死者一宿腹中淨久則吐黃吐黃則不好先煮薄糖糖薄錫著活蟹於冷糖甕中一宿著蓼湯和白鹽特須極鹹

待令甕盛半汁取糖中蟹內著鹽蓼汁中便死蓼宜少著多則爛泥封二十日出之舉蟹臍著薑末還復臍如初內著坩甕中百箇各一器以前鹽蓼汁澆之令沒密封勿令漏氣便成矣特忌風裏則壞而不美也

又法直煮鹽蓼湯甕盛詣河所得蟹則內鹽汁裏滿便泥封雖不及前味亦好值風如前法食時下薑末調黃盞盛薑酢

作酢第七十一

酢者今醋也

凡酢甕下皆須安磚石以離濕潤為姙娠婦人所壞者磚輒中乾土末淘著甕中即還好

作大酢法

七月七日取水作之大率麥䴵二斗勿揚簸水三斗粟米熟飯三斗攤令冷任甕大小依法加之以滿為限先下麥䴵次下水次下飯直置勿攪之以綿幕甕口拔刀橫甕上一七旦著井花水一碗三七日旦又著一碗便熟常置一瓠瓢以挹酢若用濕器內甕中則壞酢味也

秫米神酢法

七月七日作置甕於屋下大率麥䴵一斗水一石秫米三斗無秫者黏黍米亦中用隨甕大小以向滿為限先量水浸麥䴵訖然後淨淘米炊而再餾攤令冷細擘麴破勿令有塊子一頓下釀更不重投又以水就甕裏搦破小塊痛攪令和如粥乃止以綿幕口一七日一攪二七日二攪三七日亦二攪一月日極熟十石甕不過五斗澱得數年停久為驗其淘米泔即瀉去勿令狗鼠噉得食賁添亦不得人噉

又法 亦以七月七日取水大率麥麵一斗水三斗粟米熟飯二斗隨甕大小以向滿為度水及黃衣當日頓下之其飯分為三分七日初作時下一分當夜即沸又三七日更炊一分投之又三日復投一分但綿幕甕口無橫刀益水之事溢即加甑

又法 亦七月七日作大率麥麵一升水九升粟飯九升一時頓下亦向滿為限綿幕甕口三七日熟前件二種酢例清沙瀲多至十月終如壓酒法毛袋壓出則貯之其糟別甕水澄壓取先食也

粟米麴作酢法 七月二月向末為上時八月四月亦得作大率笨麴末一斗井花水一石粟米飯一石明旦作酢今夜炊飯薄攤使冷日未出前汲井花水斗量著甕中量飯著盆中或栲栳中然後瀉飯著甕中瀉時直傾之勿以手撥飯水量麴末為著飯上慎勿撓攪亦勿移動綿幕甕口三七日熟美釅少瀲久停

彌好凡酢未熟已熟而移甕者率多壞矣熟則無忘接取清別甕著之

秫米醋法

五月五日作七月七日熟入五月則多收粟米飯醋醬以擬和釀不用水也醬以極醋為佳末乾麴下絹篩經用粳秫米為第一黍米亦佳一石用麴末一斗麴多則醋不美惟再餾淘不用多遍初淘瀋汁為却其第二淘泔即餾以浸饋令飲泔汁盡重裝作再餾飯下揮去熱氣令如人體於盆中和之擘去飯塊以麴拌之必令均調下醬醋更攪破令薄粥粥稠則醋尅稀則味薄內著甕中隨甕大小以滿為限七日間一日一度攪之七日以外十日一攪三十日止初置甕於北蔭中風涼之處勿令見日時時汲冷水遍澆甕外引去熱氣但勿令生水甕中取十石甕不過五六斗糟耳接取清別甕貯之得停數年也

大麥酢法

七月七日作若七日不得作者必須收藏取七日水十五日作除此兩日則不成於屋裏

近戶裏邊置甕大率小麥䴬一石水三石大麥細造一石不用作米則科麗是以用造簸訖淨淘炊作再餾飯揮令小煖如人體下釀以把攪之綿幕甕口二日便發時數攪不攪則生白醭則不好以棘子徹底攪之恐有人髮落中則壞醋悉爾亦去髮則還好六七日淨淘粟米五升亦不用過細炊作再餾飯亦揮如人體投之把攪綿幕三四日看水消攪而嘗之味甘美則罷若苦者更炊三二升粟米投之以意斟量二七日可食三七日好熟香美淳釅一盞醋和水一碗乃可食之八月中接取清別甕貯之盆合泥頭得停數年未熟時一日三日須以冷水澆甕外引出熱氣勿令生水入甕中若用黍米投彌佳白倉粟米亦得

燒餅作酢法

亦七月七日大率麥䴬一斗水三斗亦隨甕大小任人增加水䴬亦當日頓下初作日軟溲數升麵作燒餅待冷下之經宿看餅漸消盡更作燒餅投凡四五度後當味美沸定便止有薄緣諸麵

餅但是燒煿者皆得投之

廻酒酢法

凡釀酒失所味醋者或初好後動味壓者皆宜廻作酢大率五斗米酒醅更著麴末一斗麥䴷一斗井花水一石粟米飯二石攤令冷如人體投之把攪綿幕甕口每日再度攪之春下七日熟秋冬稍遲皆美香清澄後一月接取别器貯之

動酒酢法

春酒壓訖而動不中飲者皆可作酢大率酒一斗用水三斗合甕盛置日中曝之雨則盆蓋之勿令水入晴還去盆七日後當臭衣生勿得怪也但停置勿移動攪撓之數十日醋成衣沉反更香美日久彌佳

又方

大率酒兩石麥䴷一斗粟米飯六斗少煖投之把攪綿幕甕口二七日熟美釅殊常矣

神酢法

要用七月七日合和甕須好蒸乾黄蒸一斛熟蒸麫三斛凡二物温潤煖便合之水多少要使相淹漬水多則酢薄不好甕中用經再宿三日便睦之如睦酒法壓訖澄清内大甕中經三二日甕熱必以冷水澆之不爾酢壞其上有白醭浮接去之滿一月酢成可食初熟忌澆熟食犯之必壞酢若無黄蒸及麫者用麥麲一石粟米飯一斛合和之方與黄蒸同盛置如前法甕常以綿幕之不得盖

作糟糠酢法

置甕於屋内春秋冬夏皆以穰茹甕下不茹則臭大率酒糟粟糠中半粗糠不任用細則泥惟中間收者佳和糟糠必令均調勿令有塊先内荆葉竹於甕中然後下糠糟於黄外均平以手按之去甕口一尺許便止及冷水澆黄外均澆之候黄中水深淺半糟便止以蓋覆甕口每日四五度以碗把取黄中汁澆四畔糟糠上三日後糟熟發香氣夏七日冬二七日嘗酢極甜味無糟糠氣便熟矣猶小苦者是未熟

更澆如初候好熟乃把取復中淳濃者別甖盛更汲冷水澆淋味薄乃止淋法令當日即了糟任飼猪其初把淳濃者夏得二十日乃止冬得六十日後淋澆者止得三五日供食也

酒糟酢法

春酒糟則壓頤須糟亦中用然欲作酢者糟常濕者下壓糟極燥者酢味薄作法用石磑子辣部着切谷令破以水拌而蒸之熟便下攤去熱氣與糟相拌必令其均調大率糟常居多和訖卧於酢甕中以向滿為限以綿幕甕口七日後酢香熟便下水令相淹漬經宿醋孔子下之夏日酢者宜冷水淋之春秋作者宜温卧以旅茹甕湯淋之以意消息之

作糟酢法

用春糟以水和搦破塊使厚薄如未壓須經三日壓取清水汁兩石許着熟粟米飯四斗投之盆覆密泥二七日酢熟美釅得夏停之甕置屋下陰地之處

食經作大豆千歲苦酒法用大豆一斗熟汰之漬令澤炊曝極燥以酒灌之任性多少以此爲率

作小豆千歲苦酒法用生小豆六斗水汰則甕中黍米作饋覆豆上酒三石灌之綿幕甕口二十日苦酢成

作小麥苦酒法小麥三斗炊令熟著堈中以布密封其口七日開之以二石薄酒沃之可久長不敗也

水苦酒法取麴粗米各二斗清水一石漬之一宿沸取汁滋米麴飯令熟極熟投甕中以漬米汁隨甕邊稍稍沃之勿使麴發飯起土張邊閒中央板蓋其上下居十三日便醋

新成苦酒法取黍米一斗水五升煮作粥麴一斤燒令黃抱破著甕底以熟好泥二日便酣已嘗經試直醋亦不美以粟米一斗投之二七日後清澄美釅與大醋不殊也

烏梅苦酒法烏梅去核一升許肉以五斤苦酒漬數日曝乾擣作屑欲食輒投水中即成醋耳

蜜苦酒法水一石蜜一斗攪使調和蜜蓋甕口著日中二十日可熟也

外國苦酒法蜜一斤水二合封著躧中與少胡荾子著中以辟得不生蟲正月作九月九日熟以一銅匕水添之可三十人食

崔氏曰四月可作酢五月五日亦可作酢

作豉第七十二

作豉法

先作煖蔭屋坎地深三二尺屋必以草蓋瓦則不佳密泥塞屋牖勿令風及蟲鼠入也開小戶僅得容人出入厚作藁籬以閉戶四月五月為上時七月二七日後八月為中時餘月亦皆得作然冬夏大寒大熱極難調適大都在四時交會之際節氣未定亦難得所常以四孟月十日後作者易成而好大率常欲令溫如人腋下為佳若等不調寧傷冷不傷熱分則穰覆還煖熱則臭敗矣三間屋得作百石豆二十石為一聚常作者番次相續常有熱氣春秋冬夏皆不須穰覆作少者惟至冬月乃穰覆豆耳極少者猶須十石為一聚若三五石不須煖難得所故須以十石為率用陳豆彌好新豆尚濕生熟難均故也淨揚簸大釜煮之中舒如飼生豆掐軟便止傷熟則豆爛漉著淨地攤之冬宜小煖夏須極冷乃內蔭屋中聚至一日再入以手刺豆堆中候看如人腋下煖便翻之法以把杴略取堆裏冷豆為心堆之必以次更略乃至於盡冷者自然在內煖者

居外還作尖堆勿令婆陀一日再候中煖更翻還如前法作尖堆若熱湯人手者即為尖節傷熱矣凡四五度翻内外均煖微著白衣於新翻訖時便小撥峰頭令平團圓如車輪豆輪厚二尺許乃止復以手候煖則凡翻翻訖以把平豆漸薄厚一尺五寸許第三翻一尺第四翻六寸厚豆便内外均煖悉著白衣豉為初定從此以後乃生黄衣復揮具令厚三寸便閉户三日再入三日閉户復以杴東西作壠耩豆如穀壠形用稀穊均調杴劃法必令置地豆若著黄地即便爛矣耩徧以把耩豆常令厚二寸間日耩之後豆著黄衣色均是出豆於屋外淨揚簸去衣布豆尺寸之數蓋是大率中平之言矣冷即微厚熱即須微薄尤須以意斟量之簸訖以大甕盛之半甕水内豆著甕中以把急抨之使淨若初煮豆傷熟者急手抨淨則漉出若初煮豆微生則抨淨宜小停之使豆小軟則難熟大軟則豉爛水多則難淨是以正須半甕于爾漉出著筐中令半筐許一人作筐一人汲水于甕上就筐中淋急斗擻筐令極淨水清

乃止淘不潔淨令豉苦漉水盡委著席上先多收谷䕸於此時內谷䕸於蔭屋窖中掊谷䕸作窖底厚三二尺許以蘧蒢蔽窖內豆於窖中使一人在窖中以腳躡豆令堅實內豆盡掩席覆之以谷䕸埋席上厚二三尺許復躡令堅實夏停十日春秋十二三日冬十五日便熟過此性則傷苦日數少者豉白而用費惟食此自然香美矣若自食欲久留不能數作者豆熟取出曝之令乾亦得周年豉法雖好易壞必須細意人常一日再看之失節傷熱臭爛如泥豬狗亦不食其傷冷者雖還復煖豉味亦惡是以又須留意冷煖宜適難於調酒如冬月初作者先須以谷䕸燒地令熱勿焦乃淨掃內豆於蔭屋中則令湯澆黍穄裏令煖潤以覆豆堆每翻竟還以初用黍穰周而復蓋若冬作豉少屋令裏覆亦不得煖者乃淨須於蔭屋之中內微然烟火令早煖不爾則寒矣春秋量其寒煖熱冷亦宜覆之每人出皆還謹密閉戶勿令泄其煖熱之氣也

食經作豉法

常夏五月至八月是時月也率一石豆熟燥之漬一宿明日出蒸之手捻豆破則可使敷冷地地惡者亦可席上敷之厚二寸許豆須通冷以青茅覆之亦厚二寸許三日視之要須通得廣為可出茅又薄撣之以手指畫之作耕壟一日再三如此三日作此可止更著煮豆取濃汁并秫米女麴五升鹽五升合此豉中以豆汁灑溲之令調以手摶令汁出指間以此為度畢內餅中若不滿餅以矯桑葉滿之勿抑乃密泥之中庭二十七日出排令燥更蒸之時煮矯桑葉汁溲灑之乃蒸如炊熟久可復排之此二蒸曝則成

作家理食豉法

隨作多少精擇豆浸一宿旦炊之與炊米同若作一石豆熟取生茅卧之如作女麴形二七日豆生黄衣簸去之更曝令燥復以水濕令濕手摶之使汁出從指岐間出為佳以著甕中掘地作埳令足容甕器燒埳中令熱內甕著埳中以桑葉蓋豉上厚三寸許以物蓋如此三徧成

作麥豉法

七月八月中作之餘月則不作治小麥細磨為麵以水拌之而蒸氣餾好熟乃下攤之令冷手挼令細布置蓋亦如麥麴黃蒸法七日衣足亦勿簸揚以鹽湯周徧灑潤之要蒸氣餾極熟乃下攤去熱氣及煖內甕中盆蓋於蘘糞中燠之二七日色黑氣香味便熟摶作小餅如神麴形繩穿為貫屋裏懸之紙袋盛籠以防青蠅塵垢之汙用時全餅著湯中煮之色足漉出削去皮粕還舉一餅得數遍煮用熱香美乃勝豆豉打破湯浸研用亦得然汁濁不如前全煮汁清也

八和齏初稽反第七十三

蒜一薑二橘三白梅四熟栗黃五粳米飯六鹽七醬八

齏臼欲重不則傾動起塵蒜復跳出也底欲平寬而圓底尖擣不著則蒜有粗成

以檀木為齋臼粳米硬而不染汙杵頭大小與杵底相安可杵頭著處廣者省手力而入口七八寸圓之平立齋易熟蒜復不跳也杵長四尺以上八棱作之急舂之舂緩則葷臭久則易入舂齋宜久熟不可倉卒久坐疲倦動則塵起又辛氣葷灼揮汗或能塵汙是以須力舂之蒜淨剥掐去強根不去則苦嘗經度水者宜以魚眼湯浦碌合半許半生用朝歌大蒜辛辣常異宜分破去心全心用之不然辣失其食味也生薑削去皮細切以冷水和之生布絞去苦汁可以香魚美蕪生薑用乾薑五升齋用生姜一兩乾姜減半兩耳橘皮新者直用陳者以湯洗去塵垢無橘皮可用草橘子馬芹子亦得用五升齋用一兩草橘馬芹准此為度薑橘取其香味氣不須多多則味苦白梅作白梅法在梅杏篇用時合核用五升齋用八枚足矣熟栗黄諺曰金齋玉膾橘皮多則

不美故加栗黃取其金色又益美味甜五升齏用十枚栗用黃軟者硬黑者即不中使用也秔米飯膾齏金須濃故訣云倍着齊蒜多則辣故加飯取其甜美耳五升齏用飯如雞子許大先擣白梅薑橘皮為末貯出之次擣栗飯使熟以漸下生蒜蒜頭難熟故宜以漸生蒜難擣故須先下舂令熟次下涌蒜齏熟下鹽復舂令沫子起然後下白梅薑橘末復舂令相得下醋解之白梅薑橘不先擣則不熟不貯出則為蒜所殺無復香氣是以臨熟乃下之醋必須好惡則齏苦大醋經年釅者先以水調和令得所然後下之慎勿著生水於中令齏辣而苦純著大醋不與水調醋復不得美也右件法止為膾齏耳餘即薄作不求濃膾魚肉裏長一尺者第

一好大則皮厚肉硬不任食止可作鮓魚耳切膾人雖訖亦不得洗手洗手則膾濕要待食罷然後洗也洗手則膾濕物有自然相壓蓋亦燒穰殺瓠之流其理難彰矣

食經曰冬日橘蒜齏夏日白梅蒜齏肉膾不用梅

作芥子醬法先曝芥子令乾濕則用不密也淨淘沙研令極熟多作者可碓擣下絹簁然後水和更研之地令悉著盆合著掃帚上少時殺其苦氣多停則冷無復辛味矣不停則大辛苦摶作圓子大如李成餅子任在人意也復乾曝然後絹囊沉之於美替中湏則取食其為齏者初殺訖即下美酢解之

食經作芥醬法熟擣芥子細篩取屑著甕裏蟹眼湯洗之澄去上清後洗之如此三過而去其

苦微火上攪之少熇覆甌房上以灰圍甌邊一宿則成以薄酢蓋厚薄任意

崔寔曰八月取韭菁作擣齏

作魚鮓第七十四

凡作鮓春秋為時冬夏不佳寒時難熟熟則非鹹不成鹹復無味蒸生蛆宜作鮓也取新鯉魚魚惟大為佳瘦魚彌勝肥者雖美而不耐久肉長尺半已上皮骨堅硬不任為膾者皆堪為鮓也去鱗訖則臠臠形長二寸廣一寸厚五分皆使臠別有皮臠大長外以過熟傷醋不成佳食之始可噉近骨上生腥不堪食常三分收一耳臠小則均熟寸數者大率言爾亦不可要脊骨宜方斬其肉厚處薄收皮肉薄處小復厚取肉臠別斬過皆使有皮不

齊民要術 十七

宜令有無皮臠也手擲著盆水中浸洗去血臠訖漉出更於清水中淨洗漉著盤中以白鹽散之盛著籠中平板石上迮去水世名逐水鹽水不盡令鮓臠爛經宿迮者亦無嫌也水盡炙一半嘗鹹淡淡則更以鹽和糝鹹則空下糝不復以鹽接之炊秔米飯為糝飯欲剛不宜弱弱則爛鮓并茱萸橘皮好酒於盆中合和之攪令糝著魚乃佳茱萸全用橘皮細切並取香氣不求多也無橘皮草橘子亦得用酒辟諸邪惡令鮓美而速熟大率一斗鮓用酒半升惡酒不用布魚於甕中一行魚一行糝以滿為限腹腴居上肥則不能久熟須先食故也魚上多與糝以竹蒻交橫帖上八重乃止無蒻菰蘆葉并可用春冬

無葉時可破葦代之削竹插甕子口內交橫絡之無竹用判也著屋中著日中火邊者患臭而不美者穰厚茹勿令凍也赤漿出傾却白漿出味酸便熟食時手擘刀切則腥

作裹鮓法臠魚洗訖則鹽和糝十臠為裹以荷葉裹之惟厚為佳穿破則蟲入不復須水浸鎮迮之畢三日便熟名曰暴鮓荷葉別有一種香奇相發起香氣又勝凡鮓有茱萸橘皮則用無亦無嫌也

食經作蒲鮓法取鯉魚二尺以上削盡治之用米三合鹽二合醃一宿厚與糝

作魚鮓法削去畢便鹽醃一食頃漉汁令盡更洗淨魚與飯裹不用鹽也

作長沙蒲鮓法治大魚洗令淨厚鹽令魚不四五宿洗去鹽炊白飯漬令見水中鹽飯穰清多

飯無若

作夏月魚鮓法臠一斗鹽一升八合精米三升炊作飯酒一合橘皮薑半合茱萸二十顆仰着器中多少以此為率

作乾魚鮓法尤宜春夏取好乾魚若爛者不中截却頭尾煖湯淨疏洗去鱗訖復以冷水浸一宿一易水數日肉起漉出方四寸斬炊粳米飯為糝嘗鹹淡得所取生茱萸葉布甕子底少取生茱萸子和飯取香而已不必多多則苦一重魚一重飯飯倍多且熟手按令堅實荷葉閉

口[無荷葉取蘆葉無蘆葉乾箬葉亦得]泥封勿令漏氣置日中春秋一月夏二十日便熟久而彌好酒食俱入酥塗火炙特精脠之尤美也

作猪肉鮓法用肥猪肉淨爛治訖剔去骨作條廣五寸三分易水煮之令熟為佳勿令大爛熟出待乾切如鮓臠片之皆令帶皮炊粳米飯為糝以茱萸子白鹽調和布置一如魚鮓法[糝欲倍多令早熟]泥封置日中一月熟蒜齏薑鮓任意所便脠之尤美矣

脯腊第七十五

作五味脯法正月二月九月十月為佳用牛羊麞鹿野豕猪肉或作條或作片罷凡砍肉皆須順理不用斜各自别搥牛羊骨令碎熟煮取汁掠去浮沫停之使清取香美豉别以冷水淘去麤穢用骨汁煮豉色足味調漉去滓待下鹽適口而已勿使過鹹細切葱白擣令熟椒薑橘皮皆末之量多少以浸脯手揉令片脯三宿則出條脯須嘗看味徹乃出皆細繩穿於屋北簷下陰乾條脯浥浥時數以手搦令堅實脯成置

虛靜庫中（著烟氣味苦）紙袋籠而懸之（置於甕則鬱浥若不籠則青蠅塵汙）臘月中作條者名曰瘃脯堪度夏每取時先取其肥者（肥者膩不耐久）

作度夏白脯法（臘月作最佳正月二月三月亦得作之）用牛羊麞鹿肉之精者（肥不耐久）破作片罷冷水浸搦去血水清乃止以冷水淘白鹽停取清水下椒末浸再宿出陰乾浥浥時以木棒輕打令堅實（僅使堅實而已慎勿令碎肉出）瘦死牛羊及羔犢彌精小羔子全浸之（先用煖湯淨洗無復腥氣乃浸之）

作甜肥脯法臘月取麞鹿肉片厚薄如手掌直陰乾下著鹽脆如凌雪也

作鯉魚脯法一名鮦魚也十一月初至十二月末作鹹湯令極鹹多下薑椒末灌魚口以滿為度竹杖穿眼十箇一貫口向上於屋北簷下懸之經冬令瘃至二月三月魚成生刳取五臟酸醋浸食之雋美乃勝逐夷其魚草裹泥封煻灰中熝烏刀切之去泥草以皮布裹之而槌之白如珂雪味又絕倫過飯下酒極是珍美也

五味脯法臘月初作用鵝雁雞鴨鶬鳵鳧雉兎鴿鶉生魚皆

得作乃淨治去腥竅及翠上脂瓶留脂瓶則𦢊也全浸勿四破

别煮牛羊骨肉取汁牛羊料得不須並用浸豉和調一同五味脯

法浸四五日嘗味徹便出置箔上陰乾火炙熟搥亦名

豚腊亦名豚魚腊雞雉鶉三物去腥藏物開臆

作脃脯法臘月初作任為五味脯者皆中作惟魚不中耳白湯熟煮掠去浮沫

欲去釜時尤須急火急則易燥置箔上陰乾之甜脃殊

常

作浥魚法四時皆得作之凡生魚悉中用惟除鮎鱯上奴嫌反下胡化反

耳去直腮破腹作鮻淨疏洗不須鱗夏月時須多著鹽春秋及冬調適而已亦須倚鹹兩兩相合冬直積置以席覆之夏須甕盛泥封勿令蠅蛆甕須鑽底數孔板引去腥汁汁盡還塞肉紅赤色便熟食時洗却鹽煮蒸炮任意美於常魚作鮓醬爊煎悉得

羹臛法第七十六

食經作芋子酸臛法猪羊肉各一斤水一斗煮令熟成治芋子一升别蒸之葱白一升著肉中合煮使熟粳米

三合鹽一合豉汁一升苦酒五合口調其味生薑十兩得臛一斗

作鴨臛法用小鴨六頭羊肉二斤大鴨五頭葱三斤芋二十株橘皮三葉木蘭五寸生薑十兩豉汁五合米一升口調其味得臛一斗先以八升酒煮鴨也

作鼈臛法鼈且完全煮去甲藏羊肉一斤葱三斤豉五合粳米半合薑五兩木蘭一寸酒二升煮鼈鹽苦酒口調其味也

作豬蹄酸羹一斛法豬蹄三具煮令爛擘去大骨乃下葱頭豉汁苦酒鹽口調其味舊法用餳六斤今除也

作羊蹄臛法羊蹄七具羊肉十五斤葱三斤豉汁五升米一升口調其味生薑十兩橘皮三葉

作兎臛法兎一頭斷大如棗水二升酒一升木蘭五分葱三斤米一合鹽豉苦酒口調其味也

作酸羹法用羊腸二具餳六觔瓠葉六觔葱頭二升小蒜三升麪三斤豉汁生薑橘皮口調之

作胡荾羹法用羊脇六斤又肉四斤水四升煮出脇切之葱頭一斤胡荽一兩安石榴汁數合口調其味

作胡麻羹法用胡麻一斗擣煮令熟研取汁三升葱頭二升米二合煮火上葱頭米熟得二升半在

作瓠葉羹法用瓠葉五斤羊肉三斤葱頭二升鹽蟻五合口調其味

作雞羹法雞一頭解骨肉相離切肉琢骨煮使熟漉去骨以葱頭二升棗三十枚合煮羹一斗五升

作笋簩鴨羹法肥鴨一隻淨治如糝羹法臠亦如此簩四升洗令極淨鹽盡別水煮數沸出之更洗小蒜白及葱白投汁等下之令沸便熟也

肺䐑蘇本反法羊肺一具煮令熟細切別作羊肉臛以粳米二合生煮之

作羊盤腸雌斛法取羊血五升去中脉麻跡裂之細切羊胳肪二升細切薑一觔橘皮三葉椒末一合豆醬一升豉汁五合麪一升五合和米一升作糝都和合更以

水三升澆之解大腸淘汏復以白酒一過洗腸中屈申以和灌腸屈長五寸煮之視血不出便熟寸切以苦酒醬食之也

羊節解法羊肶一枚以水雜生米三升葱一虎口煮之令羊熟取肥鴨肉一斤羊肉一斤豬肉半斤合剉作臛下蜜令甜以同熟羊肶投臛裏便煮得兩沸便熟治羊合皮如豬豘法善矣

羌煮法好鹿頭純煮令熟著水中洗治作臠如兩指大

豬肉琢作臛下葱白長二寸一虎口細切及橘皮各
半合椒少許下苦酒鹽豉適口一鹿頭用二斤豬肉作
臛
食膾魚蓴羹芼羹之菜蓴為第一四月蓴生莖而未葉
名作雉尾蓴第一作肥羹葉舒長足名曰絲蓴五月六
月用絲蓴入七月盡九月十月内不中食蓴有蝸蟲著
故也蟲甚細微與蓴一體不可識別食之損人十月水
凍蟲死蓴還可食從十月盡至三月皆食環蓴環蓴者

根上頭緜蕁下茇緜蕁旣死上有根茇形似珊瑚一寸許肥滑處任用深取即苦澀凡緜蕁陂池積水色黃肥好直淨洗則用野取色青須别鐺中熱湯暫煠之然後用不煠則苦澀緜蕁環蕁悉長用不切魚蕁等並冷水下若無蕁者春中可用蕪菁英秋夏可畦種芮菘蕪菁葉冬用薺菜以芼之蕪菁等宜待沸掠去上沫然後下之皆少著不用多多則失羹味乾蕪菁無味不中用豉汁於别鐺中湯煮一沸漉出滓澄而用之勿以杓抳抳

則羹濁過不清煮豉但作新琥珀色而已勿令過黑黑則鹼苦惟蓴芼而不得著葱䪥及米糝菹醋等蓴尤不宜鹹羹熟即下清冷水大率羹一斗用水一升多則加之益羹清儁甜羹下菜豉鹽悉不得攪攪則魚蓴碎令羹濁而不能好

食經曰蓴羹魚長二寸惟蓴不切鯉魚冷水入蓴白魚冷水入蓴沸入魚與鹹豉又云魚長三寸廣二寸半又云蓴細擇以湯沙之中破破闕魚邪截令薄准廣二寸

橫盡也魚半體熟煮三沸渾下蓴與豉汁漬鹽

醋菹鵝鴨羹方寸准熬之與豉汁米汁細切醋菹與之

下鹽半奠下醋與菹汁

菰菌魚羹魚方寸准菌湯沙中出擘先煮菌令沸下魚

又云先下與魚菌菜糝葱豉又云洗不沙肥肉亦可用

半奠之

笱恩丑反篙古可反魚羹篙湯清令釋細擘先煮篙令煮沸

下魚鹽豉半奠之

鯉魚臛用極大者一尺已下不合用湯鱗治邪截臛葉方寸半准豉汁與魚俱下水中與研米汁煮熟與鹽薑橘皮椒末酒鯉澀故須米汁也

鯉魚臛用大者鱗治方寸厚五分和煮如鯉臛與全米糝奠時去米粒半奠若過米奠不合法也

臉𦢊上力減反下初減反用豬腸經湯出三寸斷之決破切細熬與水沸下豉清破米汁葱薑椒胡芹小蒜芥並細切鍛下鹽醋蒜子細切將血奠與之早與血則變大可增米

奠

鯉魚湯肉用大鯉一尺已上不合用淨鱗治及霍葉斜截為方寸半厚二寸豉汁與魚俱下水中與白米糝煮熟與鹽薑椒橘皮屑米半奠時勿令有糝

鮀臛湯燖徐廉反去腹中淨洗中解五寸斷之煮沸令變色出方寸分准熬之與豉清研汁煮令極熟葱薑橘皮胡芹小蒜並細切鍛與之下鹽醋半奠

蔪七艷反次用肥鵝鴨肉渾米煮研為候長二寸廣一寸

厚四分許去大骨白湯别煮槧經半月久漉出淅其中
杓迮去令盡羊肉下汁中煮與鹽豉將熟細切鍛胡芹
小蒜與之生熟如爛不與醋若無槧用菰菌用地菌黑
裹不中槧大者中破小者渾用槧者樹根下生木耳要
復接地生不黑者乃中用米奠也
損腎用牛羊百葉淨治令白韰葉切長四寸下鹽豉中
不令大沸大熟則肕但令小卷止與二寸蘇薑末和肉
漉取汁盤滿奠又用腎切長二寸廣寸厚五分作如上

奠亦用入薑虀別奠隨之也

爛熟爛熟肉諧令勝刀切長三寸廣寸半厚三寸半將用肉汁中葱薑椒橘皮胡芹小蒜並細切鍛並鹽醋與之別作臛臨用寫臛中和奠有沈將用乃下肉候汁中小久則變大可增之

治羹臛傷鹹法取車轍中乾土末綿篩以兩重帛作袋子盛之繩繫令堅堅沉著鐺中須臾則淡便引出

蒸缹法第七十七 缹方九切

食經曰蒸熊法取三升肉熊一頭淨治煮令不闕熊半熟以豉清漬之一宿生秫米二升勿近水淨拭以豉汁濃者二升漬米令色黃赤炊作飯以葱白長二寸一升細切盬橘皮各二升盬三合合和之著甑中蒸之取熟蒸羊肫鵝鴨悉如此一本用豬膏三升豉汁一升合灑之用橘皮一升

蒸肫法好肥肫一頭淨洗垢煮令半熟以豉汁漬之生秫米一升勿令近水濃豆汁漬米令黃色炊作饙復以

豉汁灑之細切薑橘皮各一升葱白三寸四升橘葉一
升合煮甑中密覆蒸兩三炊久復以豬膏三升合豉汁
一升灑便熟也蒸熊羊如肫法鵝亦如此
蒸雞法肥雞一頭淨治豬肉一斤香豉一斤鹽五合葱
白半虎口蘇葉一寸圍豉汁三升著鹽安甑中蒸令極
熟
缹豬肉法淨燖豬訖更以熱湯遍洗之毛孔中即有垢
出以草痛揩如此三遍疏洗令淨四破於大釜煮之以

杓掠取浮脂别著甕中稍稍添水數數掠脂脂盡漉出破為四方寸臠易水更煮下酒二升以殺腥臊青白皆得若無酒以酢漿代之添水掠脂一如上法脂盡無復氣漉出板初於銅鐺中炰之一行肉一行擘葱渾豉白鹽薑椒如是次第布訖下水炰之肉作琥珀色乃止恣意飽食亦不餶烏縪切乃勝燠肉欲得著冬瓜甘瓠者於銅器中布肉時下之其盆中脂練白如珂雪可以供餘用者焉

缹豚法肥豚一頭十五斤水三升甘酒三升合煮令熟漉出擘之用稻米四升炊先䭀薑一升橘皮二葉葱白三升豉汁涑餴作糝令周醬清調味蒸之炊一石米頃下之也

缹鵝法肥鵝治解臠切之長二寸率十五斤肉秫米四升為糝先䭀如缹肫法訖以豉汁橘皮葱白醬清生薑蒸之如炊一石米頃下之

胡炮（著教切）肉法肥白羊肉生始周年者殺則生縷切如

細菜脂亦切著渾豉鹽擘葱白薑椒蓽撥胡椒令調適
淨洗羊肚翻之以切肉汁内於肚中以向滿為限縫合
作浪中坑火燒使赤脚灰火内肚著坑中還以灰火覆
之於上更燃炊一石米頃便熟香美異常非著炙之例

蒸羊法縷切羊肉一斤豉汁和之葱白一升著上合蒸
熟出可食之

蒸豬頭法取生豬頭去其骨煮一沸刀細切水中治之
以清酒鹽肉蒸皆口調和熟以乾薑椒著上食之

作懸熟法猪肉十斤去皮切臠葱白一升生薑五合橘皮二葉秫三升豉汁五合調味蒸若七斗米頃下

食次曰熊蒸大剝大爛小者去頭脚開腹渾覆蒸熟擘之片大如手又云方二寸許豉汁煮秫米䪥白寸斷橘皮胡芹小蒜並細切鹽和糝更蒸肉一重間未盡令爛熟方六寸厚一寸奠合糝又云秫米鹽豉葱䪥薑切鍜為胷内熊腹中蒸熟擘奠糝在下肉在上又云四破蒸令小熟宜肉糝用饙葱鹽豉和之下更蒸蒸熟擘糝在

下乾薑椒橘皮糝在下（豚蒸如蒸熊鵝蒸去頭如豚）
裹蒸生魚方七寸准又云五寸准豉汁煮秫米如蒸熊
生薑橘皮胡芹小蒜鹽細切熬糝膏油塗箬十字裹之
糝在上復以糝屈牖篡（祖咸反）之又云鹽和糝上下與細
切生薑橘皮葱白胡芹小蒜置上篸箬蒸之既奠開箬
楮邊奠上毛蒸魚菜白魚鱝（音賓）魚最上淨治不去鱗一
尺已還渾鹽豉胡芹小蒜細切著魚中與菜並蒸又魚
方寸准亦云五六寸下鹽豉汁中即出菜上蒸之奠亦

菜上蒸又云竹籃盛魚菜上又云竹蒸並奠

蒸藕法水和稻穰糟揩令淨研去節與蜜灌孔裏使滿溲蘇麪封下頭蒸熟除麪瀉去蜜削去皮以刀截奠之又云夏生冬熟雙奠亦得

脏腤煎消法第七十八

脏魚鮓法先下水鹽渾豉擘葱次下豬羊牛三種肉腤兩沸下鮓打破雞子四枚瀉中如瀹雞子法雞子浮便熟食之

食經脏鮓法破生雞子豉汁鮓俱煮沸即奠又云渾用豉奠訖以雞子豉帖去鮓沸湯中與豉汁渾蔥白破雞子寫中奠二升用雞子衆物是停也

五俟脏法用食板零揜雜鮓肉食水煮如作羹法

純蒸魚法一名烝魚用鱝魚治腹裏去腮不去鱗以鹹豉蔥白薑橘皮鮓細切合煮沸乃渾蔥白將熟下酢又云切生薑令長奠時蔥在上大奠一小奠若大魚成治准此

腤雞一名焦雞一名雞臛以渾鹽豉葱白中截乾蘇微火炙生蘇不炙與成治渾雞俱下水中熟煮出雞及葱漉出汁中蘇豉澄令清擘肉廣寸餘奠之以煖汁沃之肉若冷將奠蒸令煖滿奠又云葱蘇鹽豉汁與雞俱煮既熟擘奠與汁葱蘇在上莫按下可增葱白令細也

腤白肉一名白焦肉鹽豉煮令向熟薄切長二寸半廣一寸准甚薄下新水中與渾葱白小蒜鹽豉清又䪥葉切長二寸與葱薑不與小蒜䪥亦可

腤豬法一名焦豬肉一名豬肉鹽豉 一如魚白肉之法

腤魚法用鯽魚渾用軟體魚不用鱗治刀細切葱與豉葱俱下葱長四寸將熟細切薑胡芹小蒜與之汁色欲黑無醋者不用椒若大魚方寸准得用軟體之魚大魚不好也

蜜純煎魚法用鯽魚治腹中不鱗苦酒蜜中半和鹽漬魚一炊久漉出膏油熬之令赤渾奠馬勒鴨消細研熬如餅臛熬之令小熟薑橘椒胡芹小蒜並細切熬黍米

糝鹽豉汁下肉中復熬令似熟色黑平滿奠兎雉肉次好凡肉赤鯉皆可用勒鴨之小者大如鳩鴿色白也鴨煎法用新成子鴨極肥者其大如雉去頭爛治却腥翠五藏又淨洗細剉如籠肉細切葱白下鹽豉汁炒令極熟下薑椒末食之

菹綠第七十九

食經曰白菹鵝鴨雞白煮者鹿骨研爲准長三寸廣一寸下杯中以成清紫菜三四片加上鹽醋和肉汁沃之

又云亦細切湏加上又云准訖肉汁中更煑亦啖少與米糝凡下醋下紫菜滿奠焉

葅肖法用豬肉羊肉鹿肥者䪥芽細切熬之與鹽豉汁細切菜葅菜細如小蟲絲長至五寸下肉裹多與葅汁令酢

蟬脯葅法搥之火炙令熟細擘下酢又云蒸之細切香菜置上又云下沸湯中即出擘如上香菜蓼法

緑肉法用豬雞鴨肉方寸准熬之與鹽豉汁煑之葱薑

橘胡芹小蒜細切與之下醋切肉名曰綠肉豬雞名曰
酸
白瀹（瀹煮也音藥）肫法用乳下肥肫作魚眼湯下冷水和之
擘肫令淨罷若有麤毛鑷子拔去柔毛則剔之茅蒿葉
揩洗刀刮削令極淨淨揩釜勿令渝釜渝則肫黑絹袋
盛肫酢漿水煮之繫小石勿使浮出上有浮沫數掠去
兩沸急出之及熱以冷水沃豚又以茅蒿葉揩令極白
淨以少許麵和水為麵漿復絹袋盛肫繫石於麵漿中

煮之掠去浮沫一如上法好熟岀著盆中以冷水和煮肫麵糝使煖煖於盆中浸之然後擘食皮如玉色滑而且美

酸肫法用乳下肫燖治訖并骨斬臠之令片別帶皮細切葱白豉汁炒之香微下水爛煮為佳下粳米為糝細擘葱白并豉汁下之熟下椒醋大美

欽定四庫全書

齊民要術卷九

後魏 賈思勰 撰

炙豬法

用乳下豚極肥者豶牸俱得縶治一如煮法揩洗刮削令極淨小開腹去五臟又淨洗以茅茹腹令滿柞木穿緩火遥炙急轉勿住（轉常使周而不滯無偏焦也）清酒數塗以發色（色足便止）取新豬膏極白淨者塗拭住著無新豬膏淨麻油亦得色同琥珀又類真金入口則消狀若凌雪含漿膏潤特異凡常也

捧炙（捧或作俸）

大牛用膂小犢用腳肉亦得逼火偏炙一面色白便割

割又炙一面含漿滑美若四面俱熟然後割則澀惡不中食也

腩炙腩奴感反

牛羊麞鹿肉皆得方寸臠切葱白研令碎和鹽豉汁僅令相淹少時便炙若汁多久漬則肕撥火開痛逼火迴轉急炙色白熱食含漿滑美若舉而復下下而復上膏盡肉乾不復中食

肝炙

牛羊豬肝皆得臠長寸半廣五分亦以葱鹽豉汁腩之以羊絡肚膱素千反脂裹横穿炙之

牛胘炙

老牛胘厚而肥剗穿痛蹙令聚逼火急炙令上劈裂然後割之則脆而甚美若挽令舒申微火遥炙則薄而且明

灌腸法

取羊盤腸淨洗治細剉羊肉令如籠肉細切葱白鹽豉

汁薑椒末調和令鹹淡適口以灌腸兩條夾而炙之割
食甚香美

食經曰作豉丸炙法

羊肉十斤豬肉十斤縷切之生薑三斤橘皮五葉藏瓜
二斤葱白五升合擣令如彈丸別以五斤羊肉作臛乃
下丸炙煮之作丸也

膞炙豘法

小形豘一頭膞開去骨去厚處安就薄處令調取調肥

豬肉三斤肥鴨二斤合細琢魚漿汁三合琢葱白三斤

薑一合橘皮半合和二種肉著豬上令調平以竹串串

之相去二寸下串以竹箸著上以板覆上重物迮之得

一宿明旦微火炙以串一升合和時時刷之黄赤色便

熟先以雞子黄塗之今世不復用也

擣炙法

取肥子鵝肉二斤剉之不須細剉好醋三合瓜菹一合

葱白一合薑橘皮各半椒二十枚作屑合和之更剉令

調聚著充竹串上破雞子十枚別取白先摩之令調復以雞子黃塗之唯急火急炙之使焦汁出便熟作一挺用物如上若多作倍之若無鵝用肥豘亦得也

銜炙法

取極肥子鵝一隻淨治煑令半熟去骨剉之和大豆酢五合瓜菹三合薑橘皮各半合切小蒜一合魚醬汁二合椒數十粒作屑合和更剉令調取好白魚肉細琢裹作串炙之

作餅炙法

取好白魚淨治除骨取肉琢得三升熟豬肉肥者一升細作酢五合葱瓜菹各二合薑橘皮各半各魚醬十三合看鹹淡多少鹽之適口取足作餅如升盞大厚五分熟油微火煎之色赤便熟可食一本用椒十枚作屑和之

釀炙白魚法

白魚長二尺淨治勿破腹洗之竟破背以鹽之取肥子鴨一頭先治去骨細剉作酢一升瓜菹五合魚醬汁三合

薑橘各一合葱二合豉汁一合和炙之令熟合取後背入着腹中弗之如常炙魚法微火炙半熟復以少苦酒雜魚醬豉汁更刷魚上便成

腩炙法

肥鴨淨治洗去骨作臠酒五合魚醬汁五合薑葱橘皮半合豉汁五合合和漬一炊久便中炙子鵝作亦然

豬肉酢法

好肥豬肉作臠鹽令鹹淡適口以飯作糝如作酢法看

有酸氣便可食

食經曰啖炙

用鵝鴨羊犢麞鹿豬肉肥者赤白半細研熬之以酸瓜菹筍蓴椒橘皮葱胡芹細切以鹽豉汁合和肉丸之手搦（汝角切）為寸半方以羊豬胳肚臢裹之兩岐簇兩條簇炙之簇兩臠令極熟奠四臠牛雞肉不中用

擣炙（一名筒炙 一名黃炙）

用鵝鴨麞鹿豬羊肉細研熬和調如啗炙若解離不成

與少麪竹筒六寸圍長三尺削去青皮節悉淨去以肉薄之空下頭令手捉炙之欲熟小乾不著手豎塸中以雞鴨白手灌之若不均可再上白猶不平者刀削之更炙白燥與鴨子黃若無用雞子黃加少朱助赤色上黃用雞鴨翅毛刷之急手數轉緩則壞既熟渾脫去兩頭六寸斷之促奠奠若不即用以蘆荻包之束兩頭布蘆間可五分可經三五日不爾則壞與麪則味少酸多則難著矣

餅炙

用生魚白魚最好鮎鯉不中用下魚片離脊肋仰㨨凡上手按大頭以鈍刀向尾割取肉至皮即止淨洗臼中熟舂之勿令蒜氣與薑椒橘皮鹽豉和以竹木作圓範格四寸面油塗絹籍之絹從格上下以裝之按令均平手捉絹倒餅膏油中煎之出鐺及熱置拌上盌子底按之令勿拗將奠飜仰之若盌子奠仰與盌子相應又云用白肉生魚等分細研熬和如上手團作餅膏油煎如

作雞子餅十字解奠之還令相就如全奠小者二寸半奠二葱葫二斤生物不得用用則班可增衆物若是先停此若無亦可用此物助諸物

範炙

用鵝鴨臆肉如渾椎令骨碎與薑椒橘皮葱胡芹小蒜鹽豉切如塗肉塗炙之斫取臆肉去骨奠如白煮之者

炙蚶

鐵鍋上炙之汁出去半殼以小銅拌奠之大奠六小奠

之八仰奠别奠酢隨之

炙蠣

似炙蚶汁出去半殼三肉共奠如蚶别奠酢隨之

炙車螯

炙如蠣汁出去半殼去屎三肉一殼與薑橘屑重炙令煖仰奠四酢隨之勿令熟則肕

炙魚

用小鱝白魚最勝渾用鱗治刀細謹無小用大為方寸

准不謹薑橘椒葱胡芹小蒜蘇欓細切鍛盤豉酢和以
漬魚可經宿炙時以雜香菜汁灑之燥復與之熟而
止色赤則好雙奠不惟用一

作脺奧糟苞第八十一

作脺肉法

驢馬豬肉皆得臘月中作者良經夏無蟲餘月作者必
須護不蜜則蟲生麤臠肉有骨者合骨麤剉鹽麴麥
䴷合和多少量意斟裁然後鹽麴二物等分麥䴷倍少

於麴和訖內甕中密泥封頭日曝之二七日便熟煑供朝夕食可當醬

作與肉法

先養宿豬令肥臘月中殺之擊訖以火燒之令黃用煖水疏洗之削刮令淨剳去五臟豬肪㸆取脂肉臠方五六寸作令皮肉相兼著水令相淹漬於釜中㸆之肉熟水氣盡更以向所㸆肪膏煑肉大率脂二升酒三升鹽三升令脂渡沒肉緩水煑半日許乃佳漉出甕中餘膏

仍瀉肉甕中令相淹漬食時水煑令熟而調和之如常肉法尤宜新韭新韭爛拌亦中炙啖其二歲豬肉未堅爛壞不任作也

作糟肉法

春夏秋冬皆得作以水和酒糟搦之如粥著鹽令鹹内捧炙肉於糟中著屋陰地飲酒食飯皆炙啖之暑月得十日不臭

苞肉法

十二月中殺豬經宿汁盡浥浥時割作棒炙形茅菅中苞之無菅茅稻稈亦得用厚泥封勿令裂裂復上泥懸掛屋外北陰中得至七八月如新殺肉

食經曰作犬牒徒攝反法

犬肉三十斤小麥六升白酒六升煑之令三沸易湯更以小麥白酒各三升煑令肉離骨乃擘雞子三十枚著肉中便裹肉甑中蒸令雞子得乾以石迮之一宿出可食名曰犬牒

食經曰苞牒法

用牛鹿頭肫蹄白煮柳葉細切擇去耳口鼻舌又去惡者蒸之别切豬蹄蒸熟方寸切熱雞鴨卵薑椒橘皮鹽就甑中和之仍復蒸之令極爛熟一升肉可與三鴨子别復蒸令輭以苞之用散茅為束附之相連必致令裹大如鞾雍小如人脚蹲腸大長二尺小長尺半大木迮之令平正唯重為佳冬則不入水夏作小者不迮用小板挾之一處與板兩重都有四板以繩通體纏之兩頭

與楔楔蘇結反之二板之間楔宜長薄令中交度如楔車軸法强打不容則止懸井中去水一尺許若急待肉水中時用去上白皮名曰水牒又云用牛豬肉煑切之如上蒸熟置出白茅上以熟煑雞子白三重間之即以茅苞細繩概束以兩小板挾之急速兩頭懸井水中經一日許方得又云藿葉薄切蒸將熟破生雞子并細切薑橘就甑中和之蒸苞如初莫如白牒一名迮牒是也

餅法第八十二

食經曰作餅酵法

酸醬一斗煎取七升用粳米一升煑著醬遲下火如作粥六月時溲一石麵著二升冬時著四升作

作白餅法

麵一石白米七八升作粥以白酒六七升酵中著火上酒魚眼沸絞去滓以和麵麵起可作

作燒餅法

麵一斗羊肉二斤葱白一合豉汁及鹽熬令熟炙之麵

當令起

髓餅法

以髓脂蜜合和麪厚四五分廣六七寸便著胡餅鑪中令熟勿令反覆餅肥美可經久

食次曰粲一名亂積

用秫稻米絹羅之蜜和水水蜜中半以和米屑厚薄令竹杓中下先試不下更與水蜜作竹杓容一升許其下節概作孔竹杓中下瀝五升鐺裏膏脂煮之熟三分之

一鐺中也

膏環一名粔籹

用秫稻米屑水蜜溲之强澤如湯餅麪手搦團可長八寸許屈令兩頭相就膏油煮之

雞鴨子餅

破寫甌中少與鹽鍋鐺中膏油煎之令成團餅厚二分全奠一

細環餅截餅環餅一名寒具截餅一名蝎子

皆須以蜜調水溲麪若無蜜煮棗取汁牛羊脂膏亦得用牛羊乳亦好令餅美脆截餅純用乳溲者入口即碎脆如淩雪

餢䬄起麪如上法

盤水中浸劑於漆盤背上水作者省脂亦得十日輭然久停則堅乾劑於腕上手挽作勿著勃入脂浮出即急翻以杖周正之但任其起勿刺令穿熟乃出之一面白一面赤輪緣亦赤輭而可愛久停亦不堅若待熟始翻杖刺作孔者洩其潤氣堅破不好法須甕盛濕布蓋口

則常有潤澤甚佳任意所便滑而且美

水引餺飥法

細絹篩麪以成調肉臛汁待冷溲之水引挼如著大一尺一斷盤中盛水浸宜以手臨鐺上挼令薄如韮葉逐沸煑

餺飥挼如大指許二寸一斷著水盆中浸宜以手向盆旁挼使極薄皆急火逐沸熟煑非直光白可愛亦自滑美殊常

切麪粥一名棊子麪 麲盧貨反䴹蘇貨反粥法

剛溲麪揉令熟大作劑挼餅麤細如小指大重縈於乾麪中更挼如麤箸大截斷切作方棊簸去勃甑裏蒸之氣餾勃盡下著陰地淨席上薄攤令冷挼散勿令相黏袋舉置須即湯煑別作臛澆堅而不泥冬天一作得十日麲麪以粟餅餚水浸即漉著麪中以手向簸箕痛挼令均如胡豆揀取均者熟乾曝乾須即湯煑笊籬漉出別作臛澆甚滑美得一月日停

粉餅法

以成調肉臛中汁沸油豆粉（若用粗粉肥而不美不以湯皮則主不中食）如環餅麪先剛溲以毛痛揉令極軟熟更以臛汁溲令擇鑠鑠然割取牛角似匙面大鑽作六七小孔僅容粗麻綫若作水引形者更割牛角開四五孔容韭葉取新帛細細兩段各方半下依角之小鑿去中央綴角著紬（以鑽鑽之密綴勿令漏粉用訖洗舉得十二年用）裹盛溲粉斂四角臨沸湯上搦出熟煑臛澆者酪中及胡麻飲中者真類玉色䅥䅥著

與好麵不殊一名帽餅著酪中者直用白湯溲之不須肉汁

豚肉餅法一名撥餅

湯溲粉令如薄粥大鐺中煑湯以小杓子挹粉著銅鉢內頓鉢著沸湯中以指急旋鉢令粉悉著鉢中四畔餅既成仍挹鉢傾餅著湯中煑熟令漉出著冷水中酷以豚皮臛澆酥酪任意滑而且美

治麵砂𡐦初飲反法

簸小麥使無頭角水浸令液漉出去水寫著麵中枰使

均調於布巾中良久挺動之土抹悉著麥於麵無損一石麵用麥三升

雜五行書曰十月亥日食餅令人無病

糉䊦法第八十三

風土記注云俗先以二節日用菰葉裹黍米以淳濃灰汁煑之令爛熟於五月五日夏至啖之黏黍一名糉一名角黍蓋取陰陽尚相裹未分散之時象也

食經云粟黍法

先取稻漬之使澤計二升米以成粟一斗著竹篡內米一行粟一行裹以繩縛其繩相去寸所一行須釜中煮可炊十石米間黍熟

食次曰糭

用秫稻米末絹羅水蜜溲之如強湯餅麪手搦之令長尺餘廣二寸餘四破以棗栗肉上下臽之徧與油塗竹箬裹之爛蒸奠二箬不開破去兩頭解去束附

煮䊦草片反米有也䊦作根第八十四

煑⿰米直

食次曰宿客足作⿰米直粍（蘇革反）⿰米直米一斗以沸湯一升沃之不用膩器斷箕漉出滓以⿰米直箒舂取勃勃别出一器中折米白煑取汁為白飲以飲二升投⿰米直汁中又云合勃下飲訖出勃⿰米直汁復悉寫釜中與白飲合煮令一沸與鹽白飲不可過折米弱炊令相著盛飯甌中半奠杓抑令偏著一邊以⿰米直汁沃之與勃又云⿰米直末以二升小器中沸湯漬之折米煑為飯沸取飯中汁半升折箕漉

粯出以飲汁當向粯汁上淋之以粯箒舂取勃出別勃置復著折米瀋汁為白飲以粯汁投中鮭奠如常食之又云若作倉卒難造者得停西粯最勝又云以勃少許投白飲中勃若散壞不得和白飲但單用粯汁焉

煑醴酪第八十五

煑醴酪

昔介子推怨晉文公賞從亡之勞不及已乃隱於介休縣緜山中其門人憐之懸書於公門文公寤而求之不

獲乃以火焚山推遂抱樹而死文公以緜上之地封之以旌善人於今介山林木遥望盡黒如火燒狀又有抱樹之形世世祠祀頗有神驗百姓哀之忌日為之斷火煑醴而食之名曰寒食蓋清明節前一日是也中國流行遂為常俗然麥粥自可禦暑不必要在寒食世有能此粥者聊復録耳

治釜令不渝法

常於犢信處買取最初鑄者鐵精不渝輕利易然其渝黒難然者皆是鐵滓鈍濁所致治令不渝法以繩急束

蒿軒兩頭令齊著水釜中以乾牛屎然釜湯煖以蒿三徧淨洗拭却水乾然使熱買肥豬肉脂合皮大如手者三四段以脂處處徧揩拭釜察作聲復著水痛疎洗視汁黑如墨拭却更脂拭疎洗如是十徧許汁清無復黑乃止則不復渝煑杏酪煑餳煑地黃染皆須先治釜不爾則黑惡

煑醴法

與煑黑餳同然須調其色澤須要味淳濃赤色足者良

尤宜緩火急則焦臭傳曰小人之交甘若醴疑謂此非醴酒也

煑杏酪粥法

用宿穬麥其春種者則不中預前一月事麥折令精細簸揀作五六等必使別均調勿令粗細相雜其大如胡豆者粗細正得所曝令極乾如上治釜訖先釜煑一釜粗粥然後淨洗用之打取杏仁以湯脱其黄皮熟研以水和之絹濾取汁汁唯淳濃便美水多則味薄用乾牛

糞燃火先煑杏仁汁數升上作肫腦皺然後下穬麥米唯須緩火以匕徐徐攪之勿令住煑令極熟剛淖得所然後出之預前多買新瓦盆子容受二斗者抒粥著盆子中仰頭勿蓋粥色白如凝脂米粒有類青玉停至四月八日亦不動渝釜令粥黑火急則焦苦舊盆則不滲水覆蓋則解若其大盆盛者數捲居方切亦生水也

飧飯第八十六

作粟飧法

晞米欲細而不碎（碎則濁而不美）晞訖即炊（經宿則澀）淘必宜淨（十徧已上彌佳）香漿和煖水浸饙少時以手挼無令有塊復小停然後莊（凡停饙冬宜久夏少時蓋以人意消息之若不停饙則飯堅也）投飧時先調漿令甜酢適口下熱飯於漿中尖出便止宜少時住勿使撓攪待其自解散然後撈盛飧便滑美（若不飯即挼令飯堅）

折粟米法

取香美好穀脫粟米一石（勿令有碎雜）於木槽內以湯淘腳踏瀉去瀋更踏如此十徧隱約有七斗米在便止漉出

曝乾炊時又淨淘下饋時又淨淘下饋時於大盆中多著冷水必令冷徹米必以手挼饋良停之（折米堅實必須弱炊故也不停則硬）投飯調漿一如上法粒似青玉滑而且美（又甚堅實弱炊作酪粥者美於粳米者焉）

作寒食漿法

以三月中清明前夜炊飯雞向鳴下熟熟飯於甕中以滿為限數日後便酢中飯因家常炊三四日輒以新炊飯一椀酘之每取漿隨多少即新汲冷水添之訖夏飧

漿並不敗而常滿所以為異以二升得解水一升水冷清儁有殊於凡

令夏月飯甕井口邊無蟲法

清明節前二日夜雞鳴時炊黍熟取釜湯遍洗井口甕邊地則無馬蚿百蟲不近井甕矣甚是神驗

治旱稻赤米令飯白法

莫問冬夏常以熱湯浸米一食久然後以手挼之湯冷瀉去即以冷水淘汰挼去白乃止飯色潔白無異清流

之米又胏赤稻一白米裹著蒿葉一把白鹽一把合胏
之即絶白
食經曰作麵飯法
用麵五升先乾蒸攪使冷用水一升留一升麵減水三
合以七合水溲四升麵以手擘解以飯一升麵粉乾下
稍切取大如粟顆訖蒸熟下著篩中更蒸之
作粳米糗糒法
取粳米沃灑作飯曝令燥擣細磨粗細作兩種折

粳米棗糒法

炊米熟爛曝令乾細篩用棗蒸熟迮取膏溲精率一升糒米用棗一升

崔寔曰五月多作糒以供出入之糧

菰米飯法

菰穀盛常韋囊中擣瓷器為屑勿令作末内常韋囊中令滿板上揉之取末一作可用升半炊如稻米

胡飯法

以酢瓜葅長切將炙肥肉生雜菜肉餅中急捲捲用兩

卷三截或令相就並六斷長不過二寸別奠飄蠢隨之

用胡芹切下酢中為飄蠢

食次曰折米飯生哲泠水用雖好作甚難蒯苦怪反米飯蒯者皆米泠淨也

素食第八十七

食次曰葱韮羹法

下油水中煮葱韮分切沸俱下與胡芹鹽豉研米糝粒

大如粟米

瓠羹

下油水中煑極熱體橫切厚二分沸而下與鹽豉胡芹累奠之

油豉

豉三合油一斤酢五升薑橘皮葱胡芹鹽合和蒸蒸熟便以油五斤就氣上灑之訖即合甑覆瀉甕中

膏煎紫菜

以燥菜下油中煎之可食則止擘奠如脯

薤白蒸

秫米一石熟舂[illegible]令米毛不湆以豉三升煮之湆箕灑取汁用沃米令上諳可走蝦米釋漉出停米豉中夏可半日冬可一日出米葱薤等寸切令得一石許胡芹寸切令得一升許油五升合和蒸之可分兩甑蒸之氣餾以豉汁五升灑之凡不過三灑可經一炊久三灑豉汁半熟更以油五升灑之即不用熱食若不即食重蒸

取氣出灑油之後不得停竈上則漏去油重蒸不宜久
久則漏油萸訖以椒薑末粉溲之

𦢊音蘇托人

托二斗水一石熬白米三升令黃黑合托三沸絹漉取
汁澄清以𦢊一升投中無𦢊與油二升𦢊托好一升次
擅托一名托中價

蜜薑

生薑一斤淨洗刮去皮笇子切不患長大如細漆箸以

水二升煑令沸去沫與蜜二升煑復令沸更去沫椀子盛合汁減半奠用箸二人共無生薑用乾薑法如前唯切欲極細

缹瓜瓠法

冬瓜越瓜瓠用毛未脫者毛脫即堅漢瓜用極大饒肉者皆削去皮作方臠廣一寸長三寸偏宜豬肉肥羊肉亦佳肉須別煑令熟薄切蘇油亦好特宜菘菜蕪青葵韭等皆得蘇油宜大用莧菜細擘葱白葱白欲得多於菜無葱薤白代之渾豉白鹽椒末先布菜於銅鐺

底次肉（無肉以蘇油代之）次瓜次瓠次葱白鹽豉椒末如是次第重布向滿為限少下水（僅令相淹漬）煮令熟

又缹漢瓜法

直以香醬葱白麻油缹之勿下水亦好

缹菌（其殞反）法

菌一名池雞口未開內外全白者佳其口開裏黑者臭不堪食其多取欲經冬者收取鹽汁洗去土蒸令氣餾下著屋北陰中之當時隨食者取即湯煠去腥氣擘破

先細切葱白和麻油（蘇亦好）熬令香復多擘葱白渾豆鹽椒末與菌俱下缹之宜肥羊肉雞豬肉亦得肉缹者不須蘇油（肉亦先熟煑蘇切重重布之如缹瓜瓠法唯不著菜也）缹瓜瓠菌雖有肉素兩法然此物多充素食故附素條中

缹茄子法

用子未成者（子成則不好也）以竹刀骨刀四破之（用鐵則渝黑也）湯煠去腥氣細切葱白熬油香（蘇彌好）香醬細擘葱白與茄子俱下缹令熟下椒薑末

作葅藏生菜法第八十八

蕪菁菘葵蜀芥鹹葅法

收菜時即擇取好者菅蒲束之作鹽水令極鹹於鹽水中洗菜即內甕中若先用淡水洗者葅爛其洗菜鹽水澄取清者瀉著甕中令沒菜肥即止不復調和葅色仍青以水洗去鹹汁煑為茹與生菜不殊其蕪菁蜀芥二種三日抒出之粉黍米作粥清擣麥麫䴵作末絹篩布菜一行以䴵末薄坌之即下熱粥清重重如此以滿甕

為限其布菜法每行必莖葉顛倒安之舊鹽汁還瀉甕中菹色黃而味美作淡菹用黍米粥清及麥䴷末味亦勝

作湯菹法

菘佳蕪菁亦得收好菜擇訖即於熱湯中煠出之若菜已萎者水洗漉出經宿生之然後湯煠煠訖令水中濯之鹽醋中熬胡麻油香而且脆多作者亦得至春不敗

釀菹法

菹菜也一曰菹不切曰釀菹用乾蔓菁正月中作以熱湯浸菜令柔軟解辦擇治淨洗沸湯煠即出於水中淨洗便復作鹽水斬度出著箔上經宿菜色生好粉黍米粥清亦用絹篩麥䴷末澆菹布菜如前法然後粥清不用大熱其汁纔令相淹不用過多泥頭七日便熟菹甕以穰茹之如釀酒法

作卒菹法

以酢漿煮葵菜擘之下酢即成菹矣

藏生菜法

九月十月中於牆南日陽中掐作坑深四五尺取雜菜種别布之一行菜一行土去坎一尺便止穰厚覆之得經冬即取粲然與夏菜不殊

食經作葵菹法

擇燥葵五斛鹽二斗水五斗大麥乾飯四升合瀨案葵一行鹽飯一行清水澆滿七日黄便成矣

作菘鹹菹法

水四斗鹽三升攪之令殺菜又法菘一行女麴間之

作酢菹法

三石甕用米一斗擣攪取汁三升煑滓作三升粥令內菜甕中輒以生漬汁及粥灌之一宿以青蒿韭白各一行作麻沸湯澆之便成

作菹消法

用羊肉二十斤肥豬肉十斤縷切之菹二升菹根五升豉汁七升半切葱頭五升

蒲菹

詩義疏曰蒲深蒲也周禮以為菹謂菹始生取其中心入地者蒻大如匕柄正白生噉之甘脆又煮以苦酒受之如食筍法大美今吳人以為菹又以為酢

世人作葵菹不好皆由葵大脆故也菹菘以社前二十日種之葵社前三十日種之使葵至藏皆欲生花乃佳耳葵經十朝苦霜乃采之秋米為飯令冷取葵著甕中以向飯沃之欲令色黃煮小麥時時粣（桑葛反）之

崔寔曰九月作葵菹其歲温即待十月

食經藏瓜法

取白米一斗鑊中熬之以作糜下鹽使鹹淡適口調寒熱熟拭瓜以投其中密塗甕此蜀人方美好又法取小瓜百枚豉五升鹽三升破去瓜子以鹽布瓜片中次著甕中緜其口三日豉氣盡可食之

食經藏越瓜法

糟一斗鹽三升淹瓜三宿出以布拭之復淹如此凡瓜

欲得完慎勿傷傷便爛以布囊就取之佳豫章郡人晚
種越瓜所以味亦異

食經藏梅瓜法

先取霜下老白冬瓜削去皮取肉方正薄切如手板細
施灰羅瓜著上復以灰覆之煮杬皮烏皮梅汁器中細
切瓜令方三分長二寸熟煠之以投梅汁數月可食以
醋石榴子著中並佳也

食經曰樂安令徐肅藏瓜法

取越瓜細者不操拭勿使近水鹽之令鹹十日許出拭之小陰乾熇之仍内著盆中作和法以三升赤小豆三升秫米並炊之令黄合舂之以三斗好酒解之以瓜投中蜜塗乃經年不敗

崔寔曰大暑後六月可藏瓜

食次曰女麴

秫稻米三斗淨淅炊為飯輭炊停令極冷以麴範中用手餅之以青蒿上下奄之置牀上如作麥麴法三七二

十一日開看徧有黃衣則止三七日無衣乃停要須衣徧乃止出日日曝之燥則用

釀瓜菹酒法

秫稻米一石麥麴成剉隆隆二斗女麴成剉于一斗釀法須消化復以五升米酘之消化復以五升米酘之再酘酒熟則用不迮出瓜鹽揩日中曝令皺鹽和暴糟中停三宿度内女麴酒中為佳

瓜菹法

採越瓜刀子割摘取勿令傷皮鹽揩數徧日曝令皺先取四月白酒糟鹽和藏之數日又過著火酒糟中鹽蜜女麴和糟又藏泥甌中唯久佳又云不入白酒糟亦得又云大酒接出清用醅若一石與鹽三升女麴三升蜜三升女麴曝令燥手拃令解渾用女麴者麴黃衣也又云瓜淨洗令燥鹽揩之以鹽和酒糟令有鹽味不須多合藏之蜜泥甌口軟而黃便可食大者六破小者四破五寸斷之廣狹盡瓜之形又云長四寸廣一寸仰奠四

片用小而直者不可用貯

瓜芥葅

用冬瓜切長三寸廣一寸厚二分芥子少與胡芹子合熟研去滓與好酢鹽之下瓜唯久益佳也

湯葅法

用少葱蕪菁去根暫經湯沸及熱與鹽酢渾長者依柸截與酢并和葉汁不爾火酢湳奠之

苦笋紫菜葅法

筍去皮三寸斷之細縷切之小者手捉小頭刀削大頭唯細薄隨置水中削訖漉出細切紫菜和之與鹽酢乳用半奠紫菜冷水清少久自解但洗時勿用湯湯洗則失味矣

竹菜葅法

菜生竹林下似芹科大而莖葉細生極概淨洗暫經沸湯速出下冷水中即搦去水細切又胡芹小蒜亦暫經沸湯細切和之與鹽醋半奠春用至四月

蕺菹法

蕺去毛土黑惡者不洗暫經沸湯即出多少與鹽一斤以煖水清瀋汁淨洗之及煖即出漉下鹽醋中若不及熱則赤壞之又湯撩葱白即入冷水漉出置蕺中並寸切用米若椀子奠去蕺節料理接奠各在一邊令滿

菘根榼菹法

菘淨洗徧體須長切方如筭子長三寸許束菘根入沸湯小停出及熱與鹽酢細縷切橘皮和之料理半奠之

𦼮（呼幹反）菹法

淨洗縷切三寸長許束為小杷大如單箑暫經沸湯速出之及熱與鹽酢上加胡芹子與之料理令直满奠之

胡芹小蒜菹法

並暫經小沸湯出下令洽水中出之胡芹細切小蒜寸切與鹽酢分半奠青白各在一邊若不各在一邊不即入於水中則黄壞满奠

菘根蘿蔔菹法

淨洗通體細切長縷束為把大如十張紙卷暫經沸湯即出多與鹽二升煖湯合把手按之又細縷切暫經沸湯與橘皮和及煖與則黃壞料理滿奠熅菘葱蕪菁根悉可用

紫菜菹法

取紫菜冷水漬令釋與葱菹合盛各在一邊與鹽酢滿奠

蘘蘁法

用生薑淨洗削治十月酒糟中藏之泥頭十日熟出水洗内蜜中大者中解小者渾用竪莫四又云卒作削治蜜中煮之亦可用

梅瓜法

用大冬瓜去皮穰竿子細切長二寸粗細如研生布薄絞去汁即下杬汁令小煖經宿漉出煮一升烏梅與水二升取二升餘出梅令汁清澄與蜜三升杬汁三升生橘二十枚去皮核取汁復和之合煑兩沸去上沫清澄

令冷內瓜訖與石榴酸者懸鉤子廉薑屑石榴懸鉤一柸

可下十度嘗著若不大澀杬子汁至一升又云烏梅漬

汁淘奠石榴懸鉤一奠不過五六度熟去麤皮杬一升

與水三升煮取升半澄清

梨菹法

先作漤盧感反用小梨瓶中水漬泥頭自秋至春至冬中

須亦可用又云一月日可用將用去皮通體薄切奠之

以梨漤汁投少蜜令甜酢以泥封之若卒切梨如上五

梨半用苦酒二升湯二升合和之温令少熱下盛一奠五六片汁沃上至半以篸置杌旁夏停不過五日又云卒作煮棗亦可用也

木耳菹

取棗桑榆柳樹邊生猶輭濕者（乾即不中用作木耳亦得）煮五沸去腥汁出置冷水中淨洮又著酢漿水中洗出細縷切訖胡荽葱白（少著取香而已）下豉汁漿清及酢調和適口下薑椒末甚滑美

藘菹法

毛詩曰薄言采芑毛云菜也詩義疏曰藘似苦菜莖青摘去葉白汁出甘脆可食亦可為茹青州謂之芑西河鴈門藘尤美時人戀戀不能出塞

蕨

爾雅云蕨鼈郭璞注云初生無葉可食廣雅曰紫綦非也詩義疏曰蕨山菜也初生似蒜莖紫黑色二月中高八九寸老有葉瀹為茹滑美如葵今隴西天水人及此

時而乾收秋冬嘗之又云以進御三月中其端散爲三枝枝有數葉葉似青蒿長麤堅長不可食用秦曰蕨齊魯曰虌亦謂蕨又澆之

食經曰藏蕨法

先洗蕨肥著器中蕨一行鹽一行薄粥沃之一法以薄灰淹之一宿出蟹眼湯瀹之出熇内糟中可至蕨時

蕨菹

取蕨暫經湯出蒜亦然令細切與鹽酢又云蒜蕨俱寸

切之

荇字或作莕

爾雅曰莕接余其葉苻郭璞注曰叢生水中葉圓在莖端長短隨水深淺江東菹食之

毛詩周南國風曰參差荇菜左右流之毛注云接余也

詩義疏曰接余其葉白莖紫赤正圓徑寸餘浮在水上根在水底莖與水深淺等大如釵股上青下白以苦酒浸之為菹脆美可案酒其華蒲黃色

餳餔第八十九

史游急就篇云鐵殊飴餳楚辭曰粔籹蜜餌有餦餭餦餭亦餳也栁下惠見飴曰可以養老然則飵餔可以養老自幼故録之也

煑白餳法

用白牙散糵佳其成餅者則不中用用不渝釜渝則餳黑釜必磨治令白淨勿使有膩氣釜上加甑以防沸溢乾糵末五升酘米一石米必細帥數十徧淨淘炊為飯

攤去熱氣及煖於盆中以糵末和之使均調臥於酳甕中勿以手按撥平而已以被覆盆甕令暖冬則穣茹冬須竟日夏即半日許看米消滅離甕作魚眼沸湯以淋之令糟上水深一尺許乃止下水冷訖向一食頃便拔酳取汁取汁煑之每沸輒益兩杓尤宜緩火火急則焦氣盆中汁盡量不復溢便下甑一人專以杓揚之勿令住手手住則餳黑量熟止火良久向冷然後出之用梁米者餳如水精色

黑餳法

用青牙成餅蘗末一斗酘米一石餘法同前

琥珀餳法

小餅如棊石内外明徹色如琥珀用大麥蘗末一斗酘米一石餘並同前法

煑餔法

用黑餳蘗末一斗六升酘米一石臥煑如法但以蓬子押取汁以匕匙紇紇攪之不須揚

食經作飴法

取黍米一石炊作黍著盆中糵末一斗攪和一宿則得一斛五斗煎成飴

崔寔曰十月先氷凍作京餳煑暴飴

食次曰白繭糖法

熟炊秫稻米飯及熱千杵臼淨者舂之為䅪須令極熟勿令有米粒幹為餅法厚二分許日曝小燥刀直為長條廣二分乃斜裁之大如棗核兩頭尖更曝令極燥膏

油煑之熟出糖聚圓之一圓不過五六枚又云手索糌粗細如箭簳日曝小曝燥刀斜截大如棗核煑圓如上法圓大如桃核半奠不滿之

黃𥻆糖

白秫米精舂不簸淅以梔子漬米取色炊舂為糌糌加蜜餘一如白糌作𥻆煑及奠如前

煑膠第九十

煑膠法

煮膠要用二月三月十月餘月則不成熱則不凝無餅寒則凍瘃白膠不粘

沙牛皮水牛皮豬皮為上驢馬駝騾皮為次其膠勢力雖復相似但驢馬皮薄毛多膠少倍費樵薪

破皮履鞋底格椎皮靴底破鞦韆

但是生皮無問年歲久遠不腐爛者悉皆中者然新皮膠色明淨而勝其陳久者固宜不如新者

其脂肕鹽熟之皮則不中用譬如生鐵一經柔熟永無鎔鑄之理無爛汁砌巴

唯欲舊釜大而不渝者釜新則燒令皮著底釜小費薪大釜渝令膠色黑

法於井邊坑中浸皮四五日令極液以水淨洗濯無令有泥片割釜中不須削毛削毛費功於膠無益凡水

皆得煑然鹹苦之水膠乃更勝長作木匕頭施鐵刃時時徹攪之勿令著底（匕頭不施鐵刃頭攪不徹底則焦焦則勝惡是以尤須婁數之）水少更添常使滂沛經宿晬時勿令絕火根皮爛熟以匕瀝汁看後一珠微有黏勢熟矣（為過傷火令膠焦）取淨乾盆置竈埵（吐丁反）上以米牀加盆布蓬草於牀上以大杓挹取膠為著蓬草上濾去滓穢挹時勿停火淳熟汁盡更添水煑之攪如初法熟後挹取看熟皮垂盡著釜焦黑無復黏勢乃棄去之膠盆向滿舁著空靜處屋中仰頭令

凝則氣蔓成水不令雜凌旦合盆於席上脫取凝膠口濕細緊綫
以割之其近盆底土惡之處不中用者割却少許然後
十字坼破之又中斷為段較薄割為餅唯極薄為佳乾又色似琥珀好
堅厚者既難燥又見色黑皆為膠惡也近盆末下名為笨膠可以建車近
盆末上即是膠清可以雜用最是膠皮如粥膜者膠中
之上第一粘好先於庭中竪槌施三重箔擿令免狗鼠
於最下箔上布置膠餅其上兩重為作陰涼并扞霜露
膠餅雖凝水汁盡見日即消霜露霑濡復難燥乾旦起至食時卷去上箔令膠

見日凌旦寒氣不畏消釋霜露之潤見日即乾食後還復舒箔為蔭雨則內厰屋之下則不須重箔四五日浥浥時繩穿膠餅懸而日曝極乾乃內屋內懸紙籠之以防青蠅壁土之汙夏中雖軟相著至八月秋涼時日中曝之還復堅好

筆墨第九十一

筆法

韋仲將筆方曰先次以鐵梳兔毫及羊青毛去其穢毛蓋使不髯茹訖各别之皆用梳掌痛拍整齊毫鋒端本

各作扁極令均調平好用衣羊青毛縮羊青毛去兎毫
頭下二分許然後合扁捲令極圓訖痛頡之以所整羊
毛中或用衣中心名曰筆柱或曰墨池承墨復用毫青
衣羊毛外如作柱法使中心齊亦使平均痛頡內管中
寧隨毛長者使深寧小不大筆之大要也

合墨法

好醇烟擣訖以細絹篩於堈內篩去草莽若細沙塵埃
此物至輕微不宜露篩喜失飛去不可不慎墨一斤以

好膠五兩浸梣（才心反）皮汁中梣江南樊雞木皮也其皮如水綠色鮮膠又益墨色可以下雞子白去黃五顆亦以其硃砂一兩麝香一兩別治細篩都合調下鐵臼中寧剛不宜澤擣三萬杵杵多益善合墨不得過二月九月溫時敗臭寒則難乾潼溶見風日解碎重不得過二三兩墨之大訣如此寧小不大

齊民要術卷九

欽定四庫全書

齊民要術卷十

後魏　賈思勰　撰

五穀果蓏菜茹非中國物者

聊以存其名目記其怪異耳爰及山澤草木任食非人力所種者悉附於此

五穀

山海經曰廣都之野百穀自生冬夏播琴郭璞注曰播琴猶言播種方俗言也爰有膏稷膏黍膏菽郭璞注曰

言好味滑如膏

博物志曰扶海洲上有草名曰篩其實如大麥從七月熟人歛穫至冬乃訖名曰自然穀或曰禹餘糧又曰地三年種蜀麥其後七年多虵

稻

異物志曰稻一歲夏冬再種出交趾

俞益期牋曰交趾稻再熟也

禾

廣志曰粱禾蔓生實如葵子米粉白如麪可爲饘粥牛
食以肥六月種九月熟
感禾扶疎生實似大麥
楊禾似藋粒細左折右炊停則牙生此中國巴禾木稷
民
火禾高丈餘子如小豆出粟特國
山海經曰崑崙墟上有木禾長大尋五五圍
郭璞曰木禾穀類也

呂氏春秋曰飯之美者玄山之禾不周之粟陽山之穄
魏書曰烏丸地宜青穄

麥

博物志曰人啖麥橡令人多力健行
西域諸國志曰天竺十一月六日為冬至則麥禾十二月十六日為臘臘麥熟
說文曰麰周所受來麰也

豆

博物志曰人食豆三年則身重行動難恒食小豆令肌燥麤理

東牆

廣志曰東牆色青黑粒如葵子似蓬草十一月熟出幽涼并烏丸地

河西語曰貸我東牆償我田梁

魏書曰烏丸地宜東牆能作白酒

果蓏

山海經曰平坵百果所在不周之山爰有嘉果子如棗黄如桃黄花赤樹食之不飢

吕氏春秋曰常山之北投淵之上有百果焉羣帝所食

羣帝衆帝先升遐者

臨海異物志曰楊桃似橄欖其味甜五月十月熟諺曰楊桃無蹙一歲三熟其色青黄核如棗核

臨海異物志曰梅桃子生晉安侯官縣一小樹得數拾石實大三寸可蜜藏之

臨海異物志曰楊搖有七脊子生樹皮中其體雖異味
則無奇長四五寸色青黃味甘

臨海異物志曰冬熟如指大正赤味甘勝梅猴闥子如
指頭大其味小苦可食

關桃子其味酸

士翁子如漆子大熟時甜酸其色青黑

枸槽子如指頭大正赤其味甘

雞橘子大如指味甘永寧界中有之

猴總子如小指頭大與柿相似其味不減於柿

多南子如指大其色紫味甘與梅子相似出晉安

王壇子如棗大其味甘出侯官越王祭太一壇邊有此

果無知其名因見生處遂名王壇其形小於龍眼有似

木瓜

博物志曰張騫使西域還得安石榴胡桃蒲桃

劉欣期交州記曰多感子黄色圍一寸

蕉子如瓜大亦似柚

彌子圓而細其味初苦後甘食皆甘果也

杜蘭香傳曰神女降張碩常食粟飯并有非時果味亦不甘但一食可七八日不饑

棗

史記封禪書曰李少君嘗遊海上見安期生食棗大如瓜

東方朔傳曰武帝時上林獻棗上以杖擊未央殿檻呼朔曰叱叱先生來來先生知此篋裏何物朔曰上林獻

棗四十九枚上曰何以知之朔曰呼朔者上也以杖擊
檻兩木林也朔來來者棗也叱叱者四十九也上大笑
帝賜帛十匹
神異經曰北方荒内有棗林焉其高五丈數張枝條
里餘子長六寸圍過其長熟赤如朱乾之不縮氣味甘
潤殊於常棗食之可以安軀益氣力
神仙傳曰吳郡沈義為仙人所迎上天云天上見老君
賜義棗二枚大如雞子

傅玄賦曰有棗若瓜出自海濱全生益氣服之如神

桃

漢舊儀曰東海之内度朔山上有桃屈蟠三千里其里枝間曰東北鬼門萬鬼所出入也上有二神人一曰荼二曰鬱櫑主領萬鬼鬼之惡害人者執以葦索以食虎黃帝法而象之因立桃梗於門戶上畫荼鬱櫑持葦索以禦凶鬼畫虎於門當食鬼也（櫑音壘　度朔史記注作度索山）風俗通曰今縣官以臘除夕飾桃人垂葦索畫虎於門効前

事也

神農經曰玉桃服之長生不死若不得早服之臨死日服之其尸畢天地不朽

神異經曰東方有樹高五十丈葉長八尺名曰桃其子徑三尺二寸和核羮食之令人益壽

漢武内傳曰西王母以七月七日降令侍女更索桃須臾以玉盤盛仙桃七顆大如鴨子形圓色青以呈王母王母以四顆與帝三枚自食

漢武故事曰東郡獻短人帝呼東方朔朔至短人因指朔謂上曰西王母種桃三千年一著子此兒不良已三過偷之矣

廣州記曰廬山有山桃大如檳榔形色黑而味甘酢人時登採拾只得於上飽噉不得持下迷不得返

玄中記曰木子大者積石山之桃石焉大如十斛籠

甄異傳曰譙郡夏侯規亡後見形還家經庭前桃樹邊過曰此桃我所種子乃美好其婦曰人言亡者畏桃君

不畏邪答曰桃東南枝長二尺八寸向日者憎之或亦不畏也

神仙傳曰樊夫人與夫劉綱俱學道術各自言勝中庭有兩大桃樹夫妻各呪其一夫人呪者兩枝相鬬擊良久綱所呪者桃走出籬

李

列異傳曰袁本初時有神出河東號度索君人共立廟兗州蘇氏母病禱見一人著白單衣高冠冠似魚頭謂

度索君曰昔臨廬山下共食白李未久已三千年日月
易得使人悵然去後度索君曰此南海君也

梨

漢武内傳曰太上之藥有玄光梨

神異經曰東方有樹高百丈葉長一丈廣六七尺名曰
梨其子徑三尺割之瓤白如素食之為地仙辟穀可入
水火也

神仙傳曰介象吳王所徵在武昌速求去不許象言病

以美梨一匳賜象須史象死帝殯而埋之以日中時死其日晡時到建業以所賜梨付守苑吏種之後吏以狀聞即發象棺棺中有一奏符

柰

漢武内傳曰仙藥之次者有圓丘紫柰出永昌

橙

異苑曰南康有奚石山有甘橘橙柚就食其實任意取足持歸家人噉輒病或顛仆失徑

郭璞曰蜀中有給客橙似橘而非若柚而芳香夏秋華實相繼或如彈丸或如手指通歲食之亦名盧橘

橘

周官考工記曰橘踰淮而北為枳此地氣然也

呂氏春秋曰果之美者江浦之橘

吳錄地里志曰朱光祿為建安郡中庭有橘冬月於樹上覆裹之至明年春夏色變青黑味尤絶美上林賦曰盧橘夏熟蓋近於是也

裴淵廣州記曰羅浮山有橘夏熟實大如李剥皮噉則酢合食極甘又有壺橘形色都是甘但皮厚氣臭味亦不劣

異物志曰橘樹白花而赤實皮馨香又有善味江南有之不生他所

南中八郡志曰交趾特出好橘大且甘而不可多噉令人下痢

廣州記曰盧橘皮厚氣色大如甘酢多九月正月色至

二月漸變為青至夏熟味亦不異冬時土人呼為壺橘

其類有七八種不如吳會橘

甘

廣志曰甘有二十一種有成都平蔕甘大如升色蒼黃

揵為南安縣出好黃甘

荆州記曰枝江有名宜都舊都江北有甘園名宜都甘

湘州記曰州故大城内有陶侃廟地是賈誼故宅誼時

種甘猶有存者

風土記曰甘橘之屬滋味甜美特異者也有黄者有頳者謂之壺甘

柚

說文曰柚條也似橙實酢

呂氏春秋曰果之美者雲夢之柚

列子曰吳楚之國有大木焉其名為櫾音柚碧樹而冬青生實丹而味酸食皮汁已憤厥之疾齊州珍之渡淮而北化為枳焉

裴淵記曰廣州別有柚號曰雷柚實如升大

風土記曰柚大橘也色黄而味酢

椵

爾雅曰櫠椵郭璞注曰柚屬也子大如盂皮厚二三寸中似枳供食之少味

栗

神異經曰東北荒中有木高四十丈葉長五尺廣三寸名栗其實徑三尺其殼赤而肉黄白味甜食之多令人

短氣而渴

枇杷

廣志曰枇杷冬花實黄大如雞子小者如杏味甜酢四月熟出南安犍為宜都

風土記曰枇杷葉似栗子似蒳十十而叢生

荆州土地記曰宜都出大枇杷

椑

西京雜記曰烏椑青椑赤棠椑宜都出大椑

甘蔗

說文曰諸蔗也案書傳曰或為芋蔗或干蔗或邯睹或甘蔗或都蔗所在不同

雩都縣土壤肥沃偏宜甘蔗味及采色餘縣所無一節數拾長郡獻御

異物志曰甘蔗遠近皆有交趾所產甘蔗特醇好本末無薄厚其味至均圍數寸長丈餘頗似竹斬而食之既甘迮取汁如飴餳名之曰糖益復珍也又煎而曝之既

凝而氷破如塼其食之入口消釋時人謂之石蜜者也

家法政曰三月可種甘蔗

蔆

說文曰蔆芰也廣志曰鉅野大蔆也大於常蔆淮漢之南凶年以芰為蔬猶以預為資鉅野魯藪也

棪

爾雅曰劉劉杙郭璞曰劉子生山中實如梨甜酢核堅出交趾

南方草物狀曰劉樹子大如李實三月花色仍連著實七八月熟其色黄其味酢煮蜜藏之仍甘好

欝

豳詩義疏曰其樹高五六尺實大如李正赤色食之甜廣雅曰一名雀李又名車下李又名郁李亦名棣亦名薁李毛詩七月食欝及薁

芡

說文曰芡雞頭也方言曰北燕謂之葰音役青徐淮泗謂

之炎南楚江浙之間謂之雞頭鴈頭

本草經曰雞頭一名鴈啄

諸

南方草物狀曰甘藷二月種至十月乃成卵大如鵝卵小者如鴨卵掘食蒸食其味甘甜經久得風乃淡泊出交阯武平九真興古也

異物志曰甘藷似芋亦有巨魁剝去皮肌肉正白如脂肪南人專食以當米穀蒸炙皆香美賓客酒食亦施設有如果實也

薁

說文曰薁櫻也廣雅曰燕薁櫻薁也詩義疏曰櫻薁實大如龍眼黑色今車鞅藤實是豳詩曰十月食薁

楊梅

臨海異物志曰其子大如彈子正赤五月熟似梅味甜酸

食經藏楊梅法擇佳完者一石以鹽一斗淹之鹽入肉中仍出曝令乾熇取杭皮二斤煑取汁漬之不加蜜漬

梅色如初美好可堪數歲

沙棠

山海經曰崑崙之山有木焉狀如棠黃華赤實味如李而無核名曰沙棠可以禦水時使不溺

呂氏春秋曰果之美者沙棠之實

柤

山海經曰蓋猶之山上有甘柤枝榦皆赤黃白花黑實也

禮内則曰柤梨薑桂鄭注曰柤梨之不藏者皆人君羞

神異經曰南方大荒中有樹名曰柤二千歲作花九千歲作實其花色紫高百丈數張自輔葉長七尺廣四五尺色如綠青皮如桂味如蜜理如甘草味飴實長九圍無瓤核割之如凝酥食者壽以萬二千歲

風土記曰柤梨屬内堅而香

西京雜記曰蠻柤

椰

異物志曰椰樹高六七丈無枝條葉如束蒲在其上實如瓠繫在於山頭若挂物焉實外有皮如胡盧核裏有膚白如雪厚半寸如猪膚食之美於胡桃味也膚裏有汁升餘其清如水其味美於蜜食其膚可以不飢食其汁則不渴又有如兩眼處俗人謂之越王頭

南方草物狀曰椰二月花色仍連著實房相連累房三十或二十七八子十一月十二月熟其樹黃實俗名之為丹也橫破之可作椀或微長如栝蔞子從破之可作

為爵

南州異物志曰椰樹大三四圍長十丈通身無枝至百餘年有葉狀如蕨菜長丈四五尺皆直竦指天其實生葉間大如升外皮苞之如連狀皮中核堅過於核裏肉正白如雞子著皮而腹內空含汁大者含升餘實形團團然或如瓜蔞横破之可作爵形並應器用故人珍貴之

廣志曰椰出交趾家家種之

交州記曰椰子有漿截花以竹筒承其汁作酒飲之亦
醉也

神異經曰東方荒中有椰木高三二丈圍丈餘其枝不
橋二百歲葉盡落而生華華如甘瓜華盡落而生萼萼
下生子三歲而熟熟後不長不減形如寒瓜長七八寸
徑四五寸萼覆其頂此實不取萬世如故取者掐取其
流下生如初其子形如甘瓜瓤甘美如蜜食之令人有
澤不可過三升令人醉半日乃醒木高凡人不能得唯

木下有多羅樹人能緣得之一名曰無葉一名倚驕張

茂先注曰驕直上不可那也

檳榔

俞益期與韓康伯牋曰檳榔信南遊之可觀子既非常

木亦特奇大者三圍高者九丈葉聚樹端房生葉下華

秀房中子結房外其擢穗似黍其綴實似穀其皮似桐

而厚其節似竹而穊其內空其外勁其屈如覆虹其申

如縋繩本不大末不小上不傾下不斜稠直亭亭千百

若一步其林則寥朗庇其蔭則蕭條信可以長吟可以遠想矣性不耐霜不得北植必當遐樹海南遼然萬里弗遇長者之目自令人恨深

南方草物狀曰檳榔三月華色仍連著實實大如卵十二月熟其色黄剥其子肥强可不食唯種作子青其子并殼取實曝乾之以扶留藤古賁灰合食之食之則滑美亦可生食最快好交趾武平興古九真有之也

異物志曰檳榔若筍竹生竿種之精硬引莖直上不生

枝葉其狀如桂其顛近上末五六尺間洪洪腫起若瘣黄圭反又音回木焉因折裂出若黍穗無花而為實大如桃李又棘針重累其下所以衛其實也剖其上皮煑其膚熟而貫之硬如乾棗以扶留古賁灰并食下氣及宿食白蟲消穀飲啖設為口實

林邑圖記曰檳榔樹高丈餘皮似青桐節如桂竹下森秀無柯頂端有葉葉下繫數房房綴數十子家有數百掛

南州八郡志曰檳榔大如棗色青似蓮子彼人以為貴異婚族好客輒先逞此物若邂逅不設用相嫌恨

廣州記曰嶺外檳榔小於交趾者而大於蒳子土人亦呼為檳榔

廉薑

廣雅曰蔟葰相繼反廉薑也吳録曰始安多廉薑

食經曰藏薑法蜜煮烏梅去滓以漬廉薑再三宿色黃赤如琥珀多年不壞

枸櫞

裴淵廣州記曰枸櫞樹似橘實如柚大而倍長味奇酢皮以蜜煮爲糝

異物志曰枸櫞似橘大如飯筥皮不香味不美可以浣治葛苧若酸漿

鬼目

廣志曰鬼目似梅南人以飲酒

南方草物狀曰鬼目樹大者如李小者如鴨子二月花

色仍連著實七八月熟其色黃味酸以蜜煑之滋味柔
嘉交趾武平興古九真有之也
裴淵廣州記曰鬼目益知直爾不可噉可為糝也
吳志曰孫晧時有鬼目菜生工人黃耉家依緣棗樹長
丈餘葉廣四寸厚三分
顧微廣州記曰鬼目樹似棠梨葉葉如楮皮白樹高大
如木瓜而小邪傾不周正味酢九月熟又有草味子亦
如之亦可為糝用其草似鬼目

橄欖

廣志曰橄欖大如雞子交州以飲酒

南方草物狀曰橄欖子大如棗大如雞子二月華色仍連著實八月九月熟生食味酢蜜藏仍甜

臨海異物志曰餘甘子如梭（且全反）形初入口苦澀後飲水更甘大如梅實核兩頭銳東岳呼餘甘柯欖同一果耳

南越志曰博羅縣有合成樹十圍去地二丈分為三衢

東向一衢木葉似練子如橄欖而硬子去皮南人以為糝南向一衢橄欖西向一衢三丈三丈樹嶺北之候也

龍眼

廣雅曰益智龍眼也

廣志曰龍眼樹葉似荔枝蔓延緣木生子如酸棗色黑純甜無酸七月熟

吴氏本草曰龍眼一名益智一名比目

椹

漢武内傳西王母曰上仙之藥有扶桑丹椹

荔支

廣志曰荔支樹高五六丈如桂樹緑葉蓬蓬冬夏鬱茂青華朱實實大如雞子核黄黑似熟蓮子實白如肪甘而多汁似安石榴有甜酢者夏至日將已時翕然俱赤則可食也一樹下子百斛犍為僰道南廣荔支熟時百鳥肥其名之曰焦核小次曰春花次曰胡偈此三種為美似鼈卵大而酸以為醢和率生稻田間

異物志曰荔支為異多汁味甘絶口又小酸所以成其味可飽食不可使厭生時大如雞子其膚光澤皮中食乾則焦小則肌核不如生時奇四月始熟也

益智

廣志曰益智葉似蘘荷長丈餘其根上有小枝高八九寸無華蕚其子叢生著之大如棗肉瓣黑皮白核小者曰益智含之祛涎濊出萬壽亦生交趾

南方草物狀曰益智子如筆毫長七八九二月華色仍

連著實五六月熟味辛雜五味中芬芳亦可鹽曝

異物志曰益智類薏苡實長寸許如枳棋子味辛辣飲酒食之佳

廣州記曰益智葉如蘘荷莖如竹箭子從心中出一枚有十字子內白滑四破去之取外皮蜜煑為糝味辛

桶

廣志曰桶子似木瓜生樹木

南方草物狀曰桶子大如雞卵三月花色仍連著實八

九月熟採取鹽酸漚之其味酸醋以蜜藏滋味甜美出

交趾

劉欣期交州記曰桶子如桃

蒳子

竺法真登羅浮山疏曰山檳榔一名蒳子幹似蔗葉類

柞一叢千餘榦榦生十房房底數百子四月採

豆蔻

南方草物狀曰豆蔻樹大如李二月花色仍連著實子

相連累其核根芬芳成殼七月八月熟曝乾剝食核味辛香五味出興古

劉欣期交州記曰豆蔻似杬樹

環氏吳記曰黃初二年魏求豆蔻

椬

廣志曰椬查子甚酢出西方

餘甘

異物志曰餘甘大小如彈丸視之理如定陶瓜初入口

苦澀咽之口中乃更甜美足味鹽蒸尤美可多食

蒟子

廣志曰蒟子蔓生依樹子似桑椹長數寸色黑辛如薑以鹽醃之下氣消穀生南安

芭蕉

廣志曰芭蕉一曰芭蒩或曰甘蕉莖如荷芋重皮相裹大如盂升葉廣二尺長一丈子有角子長六七寸有蔕三四寸角著蔕生為行列兩兩共對若相抱形剝其上

皮色黃白味似葡萄甜而脆亦飽人其根大如芋魁大一石青色其莖解散如絲織以為葛謂之蕉葛雖脆而好色黃白不如葛色出交阯建安

南方異物志曰甘蕉草類望之如樹株大者一圍餘葉長一丈或七八尺廣尺餘華大如酒盃形色如芙蓉莖末百餘子大名為房根似芋魁大者如車轂實在華每華一闔各有六子先後相次子不俱生華不俱落此蕉有三種一種子大如梅指長而銳有似羊角名羊角蕉

味最甘好一種大如雞卵有似羊乳味微減羊角蕉一種蕉大如藕長六七寸形正名方蕉少甘味最弱其莖如芋取濩而煑之則如絲可紡績也

異物志曰芭蕉葉大如筵席其莖如芋取蕉而煑之則如絲可紡績女工以為絺綌則今交阯葛也其內心如蒜鵠頭生大如合拌因為實房著其心齊一房有數拾枚其實皮赤如火剖之中黑剝其皮食其肉如飴蜜甚美食之四五枚可飽而餘滋味猶在齒牙間一名甘蕉

顧微廣州記曰甘蕉與吴花實根葉不異直是南土暖不經霜凍四時花葉展其熟甘未熟時亦苦澀

扶留

吴錄地理志曰始興有扶留藤緣木而生味辛可以食檳榔

蜀記曰扶留木根大如箸視之似柳根又有蛤名古賁生水中下燒以為灰曰牡礪粉先以檳榔著口中又取扶留藤長一寸古賁灰少許同嚼之除胸中惡氣

異物志曰古賁灰牡礪灰也與扶留檳榔三物合食然後善也扶留藤似木防以扶留檳榔所生相去遠為物甚異而相成俗曰檳榔扶留可以忘憂

交州記曰扶留有三種一名穫扶留其根香美一名南扶留葉青味辛一名扶留藤味亦辛

顧微廣州記曰扶留藤緣樹生其花實即蒟也可以為醬

茱茹

呂氏春秋曰菜之美者壽木之華括姑之東中容之國有赤木玄木之葉焉括姑山名赤木玄木其葉皆可食

餘瞀之南南極之崖有菜名曰嘉樹其色若碧餘瞀南方山名有嘉美之菜故曰嘉食之而靈若碧青色

漢武内傳西王母曰上仙之藥有碧海琅菜

韭

西王母曰仙次藥玄八胘赤韭

葱

西王母曰上藥玄都綺葱

薤

列仙傳曰務光服蒲薤根

蒜 說文曰菜之美者雲夢之薰菜

薑 呂氏春秋曰和之美者蜀郡楊樸之薑楊樸地名

葵 管子曰桓公北伐山戎世冬葵布之天下列仙傳曰丁次卿為遼東丁家作人丁氏嘗使買葵冬得生葵問冬何得此葵云從日南買來呂氏春秋菜之美者具區之菁者也

鹿角 南越志曰猴葵色赤生石上南越謂之鹿角

羅勒 遊名山志曰步廊山有一樹如椒而氣是羅勒土人謂為山羅勒也

葙 廣志曰葙根以為菹香辛

紫菜 吳都海邊諸山悉生紫菜又吳都賦云綸組紫菜爾雅注云綸今有秋嗇夫所帶糾青絲綸組綬也

海中草生彩理有象之者因以名焉

芹 吕氏春秋曰菜之美者雲夢之芹

優殿 南方草木狀曰合浦有菜名優殿以豆醬汁茹食之甚香美可食

雍 廣州記曰雍菜生水中可以為葅也

冬風 廣州記云冬風菜陸生宜配肉作羹也

穀 字林曰穀菜生水中

䓬菜 音罩味辛

萓 胡對反吕氏春秋曰菜之美者有雲夢之萓

芩菜似蒜生水中

芹菜音謹似蒿也

菹菜紫色有藤

虆菜葉似竹生水旁

綦菜似蕨

藋菜似蕨生水中

蕨菜虌也詩疏曰秦國謂之蕨齊魯謂之虌

葟菜似蒜生水邊

蘝菜 徐鹽反似荅荃菜也一曰深草

蓶菜 音唯似烏韭而黄

荅菜 他合反生水中大葉

藷菜 根似芋可食又云署蕷别名

荷 爾雅云荷芙蕖也其實蓮其根藕

竹

山海經曰嶓冢之山多桃枝鉤端竹雲山有桂竹甚毒傷人必死 今始興郡出筀竹大者圍二尺長四丈交阯有篥竹實中勁强有毒鋭似刺虎中之則死

亦此類䢃山多扶竹扶竹節竹也漢書竹大者一節受一斛小者數斗以為柙音匣榼卭都高節竹可為杖所謂卭竹尚書曰楊州厥貢篠簜荆州厥貢箘簵注云篠竹箘簜大竹箘簵皆美竹出雲夢之澤禮斗威儀曰君乘土而王其政太平蔓竹紫脫常生其注曰紫脫北方物南方草物狀曰由梧竹吏民家種之長三四丈圍一尺八九寸作屋柱出交阯

魏志云倭國竹有條幹

神異經曰南方荒中有沛竹長百丈圍三丈五六尺厚八九寸可為大船其子美食之可以已瘡癘張茂先注曰子笋也

外國圖曰高楊氏有同產而為夫婦者帝怒放之於是相抱而死有神鳥以不死竹覆之七年男女皆活同頸異頭共身四足是為蒙雙民

廣州記曰石麻之竹勁而利削以為刀切象皮如切芋

博物志云洞庭之山堯帝之二女常泣以其涕揮竹竹

盡成斑下雋縣有竹及不斑即刮土皮乃見

華陽國志云有竹王者興於豚水有一女浣於水濱有三節大竹流入女足間推之不去聞有兒聲持歸破竹得男長養有武才遂雄夷狄氏竹為姓所破竹於野成林今王祠竹林是也

風土記曰陽羡縣有袁君家壇邊有數林大竹並高二三丈枝皆兩披下掃壇上常潔淨也

盛弘之荊州記曰臨賀謝休縣東山有大竹數十圍長

數丈有小竹生旁皆四五尺圍下有盤石徑四五丈極
高方正青滑如彈碁局兩竹屈垂拂掃其上初無塵穢
未至數十里聞風吹楚竹如簫管之音
異物志曰有竹曰簹其大數圍節間相去局促中實滿
堅强以為柱榱
南方異物志曰棘竹有刺長七八丈大如甕
曹毗湘中賦曰竹則篔簹白烏實中紺族濱榮幽渚繁
宗隈曲萋蒨陵丘薆逮重谷

王彪之閩中賦曰竹則苞甜赤若縹箭斑弓度世推節征合實中篔簹函人桃枝育蟲緗箬素笋彤竿綠筒篔當竹節中有物長數寸正似世人形俗說相傳云竹人時有得者育蟲謂竹䶉竹中皆有耳因說桃枝可得寄言

神仙傳曰壺公欲與費長房俱去長房畏家人覺公乃書一青竹戒曰卿可歸家稱病以此竹置卿臥處默然便來還房如言家人見此竹是房屍哭泣行喪

南越志云羅浮山生竹皆七八寸圍節長一二丈謂之龍種竹

孝經河圖曰少室之山有爨器竹堪為釡甑安思縣多
苦竹竹之醜有四有青苦者白苦者紫苦者黄苦者
竺法真登羅浮山疏曰又有筋竹色如黄金
晉起居注曰惠帝二年巴西郡竹生紫色花結實如麥
皮青中米白味甜
吳録曰日南有簗竹勁利削為矛
臨海異物志曰狗竹毛在節間
字林曰䈏竹頭有父文

⿱竹無音模竹黑皮竹浮有文

⿱竹贛音感竹有毛

⿱竹粦力印反竹實中

筍

呂氏春秋曰和之美者越簵之箘高誘注曰箘竹筍也

吳録曰鄱陽有筍竹冬月生

筍譜曰雞腔竹筍肥美

東觀漢記曰馬援至荔浦見冬筍名苞上言禹貢厥苞

橘柚疑謂是也其味美

荼

爾雅曰荼苦菜可食詩義疏曰山田苦菜甜所謂菫荼如飴

蒿

爾雅曰蒿菣也蘩皤蒿也注云今人呼青蒿香中炙啖者為菣蘩白蒿

禮外篇曰周時德澤洽和蒿茂大以為宮柱名曰蒿宮

神仙服食經曰七禽方十一月采旁音滂勃旁勃白蒿也

白兎食之壽八百年

菖蒲　脱

芸

禮記云仲冬之月芸始生鄭玄注云香草

呂氏春秋曰菜之美者陽華之芸

倉頡解詁曰芸蒿葉似斜蒿可食春秋有白蒻可食之

莪蒿

詩曰菁菁者莪蘿蒿也義疏云莪蒿生澤田漸如麄叢似斜蒿細科二月中生莖葉可食又可蒸香美味頗似蔞蒿

葍

爾雅云葍藑茅郭璞曰葍大葉白華根如指正白可啖葍華有赤者為藑藑葍一種耳亦如陵苕華黃白異名詩曰言采其葍毛云惡菜也義疏曰河東關內謂之葍幽兖謂之燕葍一名爵弁一名藑根正白著熱灰中溫

喊之飢荒可蒸以禦飢漢祭甘泉或用之其華有兩種一種莖葉細而香一種莖赤有臭氣

風土記曰薗蔓生被樹而升紫黃色子大如牛角形如蟦二三同葉長七八寸味甘如蜜其大者名抹

夏統別傳注穫薗也一名甘穫正圓赤粗似闕

苹

爾雅云苹藾蕭注曰藾蒿也初生亦可食

詩曰食野之苹詩疏云藾蕭青白色莖似箸而輕脆始

生可食又可蒸也

土瓜

爾雅云菲芴注曰即土瓜也

本草云王瓜一名土瓜衛詩曰采葑采菲無以下體毛

云菲芴也義疏云菲似葍莖麤葉厚而長有毛三月中

蒸爲茹滑美亦可作羹爾雅謂之蒠菜郭璞注云菲草

生下濕地似蕪菁華紫赤色可食今河内謂之宿菜

苕

爾雅云茖陵茖黄華蘪白華茇孫炎云茖華色異名者

廣志云茖草色青黄紫華十二月稻下種之蔓延殷盛

可以美田葉可食

陳詩曰我有旨茖詩義疏云饒也幽州謂之翹饒蔓生

莖如甇郎力切豆而細葉似蒺蔾而青其莖葉緑色可生

啖味如小豆藿

薺

爾雅曰菥蓂大薺犍為舍人注曰薺有小故言大薺郭

璞注云薺葉細俗呼之曰老薺

藻

詩曰于以采藻注云聚藻也詩義疏曰藻水草也生水底有二種其一種葉如雞蘇莖大似箸可長四五尺一種莖大如釵股葉如蓬謂之聚藻此二藻皆可食煑熟挼去腥氣米麵糝蒸為茹佳美荆揚人飢荒以當穀食

蔣

廣雅云蔣也其米謂之雕胡

廣志曰菰可食以作席温於蒲生南方

食經云藏菰法好擇之以蟹眼湯煮之鹽薄灑拂著燥器中蜜塗稍用

羊蹄

詩云言采其遂毛云惡菜也詩義疏曰今羊蹄似蘆菔莖赤煑為茹滑而不美多噉令人下痢幽陽謂之遂一名蓨一食之

莵葵

爾雅曰莃菟葵郭璞注云頗似葵而小葉狀如藜有毛
汋啖之滑
鹿豆
爾雅曰蔨鹿蘿其實莥郭璞注云今鹿豆也葉似大豆
根而香蔓延生
藤
爾雅曰諸慮山櫐攝虎櫐郭璞注云今江東呼櫐為藤
似葛而麤大攝虎櫐今虎豆也纏蔓樹林而生莢有毛

剌江東呼為欑欇音涉

詩義疏曰藟苣荒也似燕薁連蔓生葉白色子赤可食

酢而不美幽州謂之椎藟

山海經曰畢山其上多藟郭璞注曰今虎豆狸豆之屬

南方草物狀曰沈藤生子如齊甌正月華色仍連著

實十月臘月熟色赤生食之甜酢生交趾

毦藤生山中大小如草蒿蔓衍生人採取剥之以作毦

然不多出合浦興古

閵子藤生緣樹木正月二月華色四月五月熟實如蘡

赤如雄雞冠核如魚鱗取生食之淡泊甘苦出交趾合

浦

野聚藤緣樹木三月華色仍連著實五六月熟子大如

羮甌里民煮食其味甜酢出蒼梧椒藤生金封山烏滸

人往往賣之其色赤又云似草芝出興古

異物志曰葭蒲藤類蔓延他樹以自長養子如蓮菆組九反著枝萬閒一日作扶相連實外有殼裏又無核剝而

食之煑而曝之甜美食之不飢

交州記曰含水藤破之得水行者資以止渴

臨海異物志曰鍾藤附樹作根輭弱須緣樹而作上下條此藤纏裹樹樹死且有惡汁尤令速朽也藤咸樹成若木自然大者或至十五圍

異物志曰科藤圍數寸重於竹可以杖篾以縛船及以為席勝竹也

顧微廣州記曰莉如栟櫚葉疏外皮青多棘刺高五六

丈者如五六寸竹小者如筆管竹破其外青皮得白心
即䕀藤類有十許種續斷草藤也一曰諾藤一曰水藤
山行渴則斷取汁飲之治人體有損絶沐則長髮去地
一丈斷之輒便生根至地永不死
刀陳嶺有膏藤津汁軟滑無物能比
柔䕀藤有子子極酢為菜滑無物能比

䓮

詩云北山有萊詩義疏云萊䓮也莖葉皆似菉王芻今

兖州人蒸以為茹謂之萊蒸譙沛人謂雞蘇為萊故三倉云萊茱萸此二草異而名同

蕎

廣志云蕎子生可食

藨

廣志云三藨似翦羽長三四寸皮肥細緗色以蜜藏之味甜酸可以為酒啖出交州正月中熟

異物志曰藨實雖名三藨或有五六長短四五寸藨頭

之間正巖以正月中熟正黃多汁其味少酢藏之益美

廣州記曰三廉快酢新說蜜為糝乃美

蘧蔬音氍毹

爾雅曰出隧蘧蔬郭璞注云蘧蔬似土菌生菰草中今江東噉之甜滑

芙

爾雅曰鉤芙郭璞注云大如拇指中空莖頭有臺似薊初生可食

蒊

爾雅曰蒊蒿蓄郭璞注云似小藜赤莖節好生道旁可食又殺蟲

蘱蕪

爾雅曰須蘱蕪郭璞注云蘱蕪似羊蹄葉細味酢可食

隱葱

爾雅曰蒡隱葱郭璞注云似蘇有毛今江東呼為隱葱藏以為葅亦可瀹食

守氣 脫

地榆

神仙服食經曰地榆一名玉札北方難得故尹公度曰寧得一斤地榆不用明月珠其實黑如豉北方呼豉為札當言玉豉與五茄煮服之可神仙是以西域真人曰何以支長久食石畜金鹽何以得長壽食石用玉豉此草霧而不濡大陽氣盛也鑠玉爛石炙其根作飲如茗氣其汁釀酒治風痺補腦

廣志曰地榆可生食

人莧

爾雅曰赤莧郭璞云今人莧赤莖者

莓

爾雅曰葥山莓郭璞注云今之木莓也實藨莓而大亦可食

鹿葱

風土記曰宜男草也高六尺花如蓮懷姙人帶佩必生

男

陳思王宜男花頌云世人有女求男取此草食之尤良

嵇含宜男花賦序云宜男花者荆楚之俗號曰鹿葱可

以薦宗廟稱名則義過馬舃也

蔞蒿

爾雅曰購蔏蔞郭璞注曰蔏蔞蔞蒿也生下田初出可

啖江東用羹魚

藨

爾雅曰藨藨郭璞注曰藨即莓也江東呼藨莓子似覆

盆而大赤酢甜可啖

綦

爾雅曰綦月爾郭璞注云即紫綦也似蕨可食

詩曰綦菜也葉狹長二尺食之微苦即今英菜也詩曰

彼汾沮洳言采其英一本作莫

覆盆

爾雅曰堇蒛盆郭璞注云覆盆也實似莓而小亦可食

翹摇

爾雅曰柱夫摇車郭璞注云蔓生細葉紫華可食俗呼翹摇車

烏蓲音丘

爾雅曰菼薍郭璞注云似葦而小實中江東呼爲烏蓲

詩曰葭菼揭揭毛曰葭蘆菼薍義疏云薍或謂之荻至秋堅成即刈謂之雚三月生初生其心挺出其下本大如箸上鋭而細有黄黑勃著之汙人手把取正白噉之

甜脆一名蓫薚揚州謂之馬尾故爾雅云蓫薚馬尾也

幽州謂之旨華

茶

爾雅曰檟苦荼郭璞注云樹小似梔子冬生葉可煑作

羹飲今呼早采者爲荼晚取者爲茗一名荈蜀人名之

苦荼

博物志曰飲真茶令人少眠

荆州地記曰浮陵茶最好

荆葵

爾雅曰荍蚍衃郭璞注云似葵紫色詩義疏曰一名芘芣華紫緑色可食似蕪菁微苦陳詩曰視爾如荍

竊衣

爾雅曰蘮蒘竊衣孫炎云似芹江河間食之實如麥兩兩相合有毛著人衣其華著人衣故曰竊衣

東風

廣州記云東風華葉似落娠婦埜紫宜肥肉作羹味如

駱香氣似馬蘭

蓳丑六反

字林云草似冬藍蒸食之酢

萸而究反

木耳也桑木耳煑而細切之和以薑橘可為菹滑美

苺亡代反

苺草實亦可食

荁音丸

荁乾堇也

蘄

字林曰草生水中其花可食

木

莊子曰楚之南有宜泠（一作靈）者以五百歲為春五百歲為秋

司馬彪曰木生江南千歲為一年

皇覽冢記曰孔子冢塋中樹數百皆異種魯人世世無

能名者人傳言孔子弟子異國人持其國樹來種之故有柞枌雒離女貞五味兒檀之樹

齊地記曰東方有不灰木

棫

爾雅云棫白桵郭璞注云桵小大叢生有刺實如耳璫紫赤可食

櫟

爾雅曰櫟其實梂郭璞注云有梂彚自裹孫炎云櫟實

櫟也
周處風土記云史記曰舜耕於歷山而始寧邪郯二縣
界上舜所耕田在於山下多柞樹吳越之間名柞為櫟
故曰歷山
桂
廣志曰桂出合浦其生必高山之嶺冬夏常青其類自
為林林間無雜樹
吳氏本草曰桂一名止唾

淮南萬畢術曰結桂用葱

木緜

吳録地理志曰交趾定安縣有木緜樹高丈實如酒杯口有緜如蠶之緜也又可作布名曰白緤一名毛布又云交趾有欀木其皮中有如白米屑者乾擣之以水淋之似麪可作餅

桑

山海經曰宣山有桑大五十丈其枝四出言枝交互四出其葉

大尺赤理黃花青葉名曰帝女之桑（婦人生蠶故以名桑）
十洲記曰扶桑在碧海中上有大帝宮東王所治有椹
桑樹長數千丈三千餘圍兩樹同根更相依倚故曰扶
桑仙人食其椹體作金色其樹雖大椹如中夏桑椹也
但稀而赤色亢千歲一生食味甘香
括地圖曰昔烏先生避世於芒尚山其子居焉化民食
桑三十七年以絲自裹九年生翼九年而死其桑長千
仞蓋蠶類也去琅琊二萬六千里

玄中記云天下之高者扶桑無枝木焉上至天盤蜿而下屈通三泉也

棠棣

詩曰棠棣之華蕚不韡韡詩義疏云承花者曰蕚其實似櫻桃薁麥時熟食美北方呼之林思也

說文曰棠棣如李而小子如櫻桃

仙樹

西河舊事曰祁連山有仙樹人行山中以療飢渴者輒

得之飽不得持去平居時亦不得見

莎木

廣志曰莎樹多枝葉葉兩邊行列若飛鳥之高翔樹收麵不過一斛

蜀志記曰莎樹出麵一樹出一石正白而味似桄榔出興古

槃多

裴淵廣州記曰槃多樹不花而結實實從皮中出自根

著子至杪如橘大食之過熟內許生蜜一樹者皆有數

十

嵩山記曰嵩寺中忽有思惟樹即貝多也有人坐貝多

樹下思惟因以名焉漢道士從外國來將子於山西脚

下種極高大今有四樹一年三花

緗

顧微廣州記曰緗葉子並似椒味如羅勒嶺北呼為木

羅勒

娑羅

盛弘之荆州記曰巴陵縣南有寺僧房牀下忽生一木隨生旬日勢凌軒棟道人移房避之木長便遲但極晚秀有外國沙門見之名爲娑羅也彼僧所憩之蔭常著花細如白雪元嘉十一年忽生一花狀如芙蓉

榕

南州異物志曰榕木初生少時緣摶他樹如外方扶芳藤形不能自立根本緣繞他木傍作連結如羅網相絡

然彼理連合鬱茂扶疎高六七尺

杜芳

南州異物志曰杜芳藤形不能自立根本緣繞他木作房藤連結如羅網相罥然後皮理連合鬱茂成樹所託樹既死然後扶疎六七丈也

摩廚

南州異物志曰木有摩廚生於斯調國其汁肥潤其澤如脂膏馨香馥郁可以煎熬食物香美如中國用油

都句

劉欣期交州記曰都句樹似栟櫚木中出屑如麵可噉

木豆

交州記曰木豆出徐門子美似烏豆枝葉類柳一年種數年採

木堇

莊子曰上古有椿者以八千歲為春八千歲為秋司馬彪曰木堇也以萬六千歲為一年一名蕣椿

傳玄朝華賦序曰朝華麗木也或謂之洽容或曰愛老

東方朔傳曰朔書與公孫弘借車馬曰木堇夕死朝榮

士亦不常貧

外國圖曰君子之國多木堇之花人民食之

潘尼朝菌賦云朝菌者世謂之木堇或謂之日及詩人

以為蕣華又一本云莊子以為朝菌

顧微廣州記曰平興縣有華樹似堇又似桑四時常有

花可食甜滑無子此蕣木也

詩曰顏如蕣華義疏曰一名木堇一名王蒸

木蜜

廣志曰木蜜樹號千歲根甚大伐之四五歲乃斷取不腐者為香生南方枳木蜜枝可食

本草曰木蜜一名木香

枳柜

廣志曰枳柜葉似蒲柳子似珊瑚其味如蜜十月熟樹乾者美出南方邛郲枳柜大如指

詩曰南山有枸毛云枳也義疏曰樹高大似白楊在山
中有子著枝端大如指長數寸噉之甘美如飴八九月
熟江南者特美今官園種之謂之木蜜本從江南來其
木令酒薄若以為屋柱則一屋酒皆薄

杭

廣州記曰歆似栗赤色子大如栗散有棘刺破其外皮
内白如脂肪著核不離味甜酢核似荔支

君遷

魏王花木志曰君遷樹細似甘蕉子如馬乳

古度

交州記曰古度樹不花而實實從皮中出大如安石榴色赤可食其實中如有蒲棃者取之數日不煑皆化成蟲如蟻有翼穿皮飛出著屋正黑顧微廣州記曰古度樹葉如栗而大於枇杷無花枝柯皮中生子子似杏而味酢取煑以為粽取之數日不煑化作飛蟻

熙安縣有孤古度樹生其號曰古度俗人無子於祠炙其乳則生男以金帛報之

蘩彌

廣志曰蘩彌樹子赤如梗棗可食

都咸

南方草物狀曰都咸樹野生如手指大長三寸其色正黑三月生花色仍連著實七八月熟里民噉子及柯皮乾飲芳香出日南

都桷

南方草物狀曰都桷樹野生二月花色仍連著實八九月熟一如雞卵里民取食

夫編

南方草物狀曰夫編樹野生三月花色仍連著實五六月成子及握煮投下魚雞鴨羹中好亦中鹽藏出交趾武平

一樹

南方記曰一樹生山中取葉擣之訖和糯葉汁煑之再沸止味辛曝乾投魚肉羹中出武平興古

州樹

南方記曰州樹野生二月花色仍連著實五六及握煑如李子五月熟剥核滋味甜出武平

前樹

南方記曰前樹野生二月花色連青實如手指長三寸五六月熟以湯滴之削去核食以糟鹽藏之味辛可食

出交阯

石南

南方記曰石南樹野生二月花色仍連著實實如鷰卵七八月熟人採之取核乾其皮中作肥魚羹和之尤美出九真

國樹

南方記曰國樹子如鴈卵野生三月花色連著實九月熟曝乾訖剝殼取食之味似栗出交阯

南方記曰楮樹子似桃實二月花色連著實七八月熟

楮

鹽藏之味辛出交趾

槤

南方記曰槤樹子如桃實長寸餘二月花色連實五月熟色黃鹽藏味酸似白梅出九真

梓棪

異物志曰梓棪大十圍材貞勁非利剛截不能尅堪作

船其實類棗著枝葉重曝挽垂刻鏤其皮藏味美於諸
樹

䔰母

異物志云䔰母樹皮有蓋狀似栟櫚但脆不中用南人
名其實為䔰用之當裂作三四片
廣州記曰䔰葉廣六七尺接之當覆屋

五子

裴淵廣州記曰五子樹實如梨裏有五核因名五子治

霍亂金瘡

白緣

交州記曰白緣樹高丈實味甘美於胡桃

烏臼

玄中記曰荆陽有烏臼其實如雞頭迮之如胡麻子其汁味如豬脂

都昆

南方草物狀曰都昆樹野生二月花色仍連著實八九

月熟如雞卵里民取食之皮核滋味醋出九真交趾

齊民要術卷十

總校官進士臣程嘉謨
校對官庶吉士臣潘紹觀
謄録監生臣穮爾通阿

圖書在版編目（CIP）數據

齊民要術 / (北魏) 賈思勰撰. — 北京：中國書店，2018.8
ISBN 978-7-5149-2063-5

Ⅰ. ①齊… Ⅱ. ①賈… Ⅲ. ①農學－中國－北魏
Ⅳ. ①S-092.392

中國版本圖書館CIP數據核字(2018)第080081號

四庫全書·農家類
齊民要術

作者 北魏·賈思勰 撰
出版發行 中國書店
地址 北京市西城區琉璃廠東街一一五號
郵編 一〇〇〇五〇
印刷 山東汶上新華印刷有限公司
開本 730毫米×1130毫米 1/16
印張 41.125
版次 二〇一八年八月第一版第一次印刷
書號 ISBN 978-7-5149-2063-5
定價 一四八 元（全二册）